大学C语言实用教程实验指导与习题
（第2版）

赵玉刚　主编

潘旭华　张志鑫　参编

清华大学出版社
北　京

内 容 简 介

本书是与《大学 C 语言实用教程(第 2 版)》(ISBN 978-7-302-58699-9)配套的辅助教材,编写时遵循面向应用、注重实用、读者好用的原则,为学习 C 语言程序设计的读者上机实习和自我测试安排了大量的编程练习题和模拟考试题。

本书包括 5 篇。第 1 篇简要介绍 Visual C++ 2010 集成开发环境及 C 语言程序调试方法;第 2 篇是 C 语言程序设计实验指导,共安排 11 项上机实验;第 3 篇是与主教材各章相对应的基础练习题;第 4 篇是在上机实验和基础练习题的基础上编排的综合模拟练习题;第 5 篇附录,附录 A 为实验指导参考答案,附录 B 为基础练习题参考答案,附录 C 为综合模拟练习题参考答案。

书中内容包括 C 语言基础知识方面的训练,同时更强调计算机算法的理解和程序设计思维方法的培养,基础和创新并蓄、普及与提高兼顾,可适合不同层次读者的需要。

本书不但可以作为高等院校"C 语言程序设计"课程的辅助教材,而且可以作为准备参加计算机等级考试的读者和其他工程技术人员的学习参考书。

本书封面贴有清华大学出版社防伪标签,无标签者不得销售。
版权所有,侵权必究。举报: 010-62782989,beiqinquan@tup.tsinghua.edu.cn。

图书在版编目(CIP)数据

大学 C 语言实用教程实验指导与习题/赵玉刚主编. —2 版. —北京: 清华大学出版社,2021.9
(2023.2重印)
ISBN 978-7-302-58564-0

Ⅰ. ①大… Ⅱ. ①赵… Ⅲ. ①C 语言-程序设计-高等学校-教学参考资料 Ⅳ. ①TP312.8

中国版本图书馆 CIP 数据核字(2021)第 132326 号

责任编辑: 汪汉友
封面设计: 何凤霞
责任校对: 徐俊伟
责任印制: 宋 林

出版发行: 清华大学出版社
    网 址: http://www.tup.com.cn, http://www.wqbook.com
    地 址: 北京清华大学学研大厦 A 座 邮 编: 100084
    社 总 机: 010-83470000 邮 购: 010-62786544
    投稿与读者服务: 010-62776969, c-service@tup.tsinghua.edu.cn
    质 量 反 馈: 010-62772015, zhiliang@tup.tsinghua.edu.cn
    课 件 下 载: http://www.tup.com.cn,010-83470236
印 装 者: 三河市铭诚印务有限公司
经 销: 全国新华书店
开 本: 185mm×260mm 印 张: 16.75 字 数: 401 千字
版 次: 2011 年 3 月第 1 版 2021 年 9 月第 2 版 印 次: 2023 年 2 月第 3 次印刷
定 价: 54.50 元

产品编号: 093614-01

C语言是现代最流行的程序设计语言之一,它既具有高级程序设计语言的优点,又具有低级程序设计语言的特点,既可以用来编写系统程序,又可以用来编写应用程序。因此,C语言正在被迅速地推广和普及。

C语言学习的实践性很强,上机实验环节是"C语言程序设计"课程的重要组成部分。通过上机实验,在巩固和加深课堂教学内容的基础上进行实际的程序编制和调试的训练,不但可以提高学生的实践动手能力,而且可以引导和培养学生将所学计算机技术运用到各自专业领域的意识和能力。

本书是与《大学C语言实用教程》(ISBN 978-7-302-58699-9)配套的辅助教材。本着面向应用、注重实用、读者好用的原则,本书为学习C语言程序设计的读者上机实习和自我测试安排了大量的编程练习题和模拟考试题。书中内容由浅入深、循序渐进,既有C语言知识方面的训练,更强调计算机算法的理解和程序设计思维方法的培养,基础和创新并蓄、普及与提高兼顾,可适合不同层次读者的需要。本书不但可以作为高等院校"C语言程序设计"课程的教学参考书,而且可以作为准备参加计算机等级考试的读者和其他工程技术人员的学习参考书。

本书包括5篇。第1篇简要介绍 Visual C++ 2010 集成开发环境及C语言程序调试方法;第2篇是C语言程序设计实验指导,共安排11项上机实验;第3篇是与主教材各章相对应的基础练习题;第4篇是在上机实验和基础练习题的基础上编排的综合模拟练习题;第5篇附录,附录A为实验指导参考答案,附录B为基础练习题参考答案,附录C为综合模拟练习题参考答案。

本书由赵玉刚编写第1篇、第2篇和第5篇中的附录A,由张志鑫编写第3篇、第5篇中的附录B;由潘旭华编写第4篇、第5篇中的附录C。全书由赵玉刚主编并统稿。本书在编写和出版过程中,得到作者所在学校的大力支持,清华大学出版社的编辑为此付出了大量的辛勤劳动,在此一并表示感谢。

本书配套的电子教学资源(教学大纲、实验大纲、授课计划、电子教案、电子图书等),读者可在清华大学出版社网站(http://www.tup.com.cn)本书相应的页面中下载。

由于作者学识水平所限,书中难免疏漏和错误,恳请读者不吝指正。

编 者
2021 年 8 月

目录

第1篇 开发环境与程序调试方法 …… 1

第1章 Visual C++ 2010 集成开发环境 …… 1
1.1 启动 Visual C++ 2010 集成开发环境 …… 2
1.2 菜单栏介绍 …… 3
1.3 Visual C++ 2010 常用文件 …… 5

第2章 使用 Visual C++ 2010 开发 C 程序 …… 7
2.1 创建工作区和项目 …… 8
2.2 创建 C 语言源程序 …… 8
2.3 C 程序编辑和调试 …… 9
2.4 运行 C 程序 …… 10

第3章 C 程序调试步骤和方法 …… 11
3.1 修改语法错误 …… 11
3.2 设置断点 …… 11
3.3 控制程序运行 …… 12
3.4 查看和修改变量的值 …… 12
3.5 C 程序错误类型 …… 13

第2篇 C 程序设计实验指导 …… 21

实验1 简单的 C 程序设计 …… 21
实验2 数据运算和输入输出 …… 26
实验3 选择结构程序设计 …… 30
实验4 循环结构程序设计 …… 35
实验5 一维数组 …… 40
实验6 二维数组 …… 46

实验 7　指针的应用 …………………………………… 51
实验 8　函数的应用 …………………………………… 57
实验 9　复合数据类型 ………………………………… 63
实验 10　文件操作 ……………………………………… 70
实验 11　综合实验 ……………………………………… 77

第 3 篇　C 程序设计基础练习 …………………………… 83

练习 1　简单的 C 程序设计 …………………………… 83
练习 2　基本数据类型 ………………………………… 86
练习 3　数据运算 ……………………………………… 91
练习 4　程序流程控制 ………………………………… 97
练习 5　数组和字符串 ………………………………… 111
练习 6　指针 …………………………………………… 121
练习 7　函数 …………………………………………… 131
练习 8　复合数据类型 ………………………………… 142
练习 9　文件 …………………………………………… 156
练习 10　编译预处理 …………………………………… 168

第 4 篇　C 程序设计综合模拟练习 ……………………… 176

模拟练习 1 ……………………………………………… 176
模拟练习 2 ……………………………………………… 184
模拟练习 3 ……………………………………………… 193
模拟练习 4 ……………………………………………… 201
模拟练习 5 ……………………………………………… 209
模拟练习 6 ……………………………………………… 217
模拟练习 7 ……………………………………………… 226
模拟练习 8 ……………………………………………… 236

附录 ………………………………………………………… 244

附录 A　C 程序设计实验指导参考答案 ……………… 244
附录 B　C 程序设计基础练习参考答案 ……………… 252
附录 C　C 程序设计综合模拟练习参考答案 ………… 257

第1篇　开发环境与程序调试方法

本篇包括3章内容。主要介绍 Visual C++ 2010 集成开发环境和如何使用 Visual C++ 2010 进行 C 语言程序设计。第1章概要介绍 Visual C++ 2010 集成开发环境的启动和关闭、窗口组成以及常用的文件及作用；第2章介绍如何使用 Visual C++ 2010 进行 C 语言程序设计的开发步骤和方法，通过具体实例，详细讲解 C 语言程序设计的创建、编辑、连接、编译和运行的过程；第3章介绍 C 语言程序设计在 Visual C++ 2010 集成开发环境下的程序调试步骤和方法，包括修改语法错误、设置断点、控制程序运行和通过调试窗口查看和修改变量的值，最后以列表的形式给出 C 程序调试常见错误类型，以方便查阅。

第1章　Visual C++ 2010 集成开发环境

Visual C++ 2010 是美国 Microsoft(微软)公司推出的一个基于 Windows 系统的可视化集成开发环境。它的源程序按 C++ 语言的要求编写并加入了功能强大的 MFC (Microsoft Foundation Class,微软基础类库)类库。MFC 中封装了大部分 Windows API 函数和 Windows 控件，它包含的功能涉及整个 Windows 操作系统。MFC 不仅给用户提供了 Windows 图形环境下应用程序的框架，而且还提供了创建应用程序的组件。开发人员不必从头设计、创建和管理标准的 Windows 应用程序中的每段程序，而是从一个比较高的起点开始编程，可节省大量的时间。另外，它提供了大量的代码，引导用户在编程时实现特定的功能。因此，使用 Visual C++ 提供的高度可视化的应用程序开发工具和 MFC 类库，可使应用程序开发变得简单，大幅减少应用程序开发人员的工作量。

由于目前已经基本没有纯粹的 C 语言编译环境，所以一般使用兼容 C 的 Visual C++ 编译工具来编译 C 程序，本教材使用的是 Visual C++ 2010 进行 C 语言程序设计。

Visual C++ 2010 包括学习版和专业版。学习版是 Visual C++ 2010 Express 的中文习惯称呼，学习版比专业版简单并且是免费的，只是没有 MFC/ATL 等模式的程序开发支持，没有团队协作和商业组件支持等功能。

1.1 启动 Visual C++ 2010 集成开发环境

在 Windows 系统环境下，正常安装 Visual C++ 2010 学习版后，就可以启动 Visual C++ 2010 集成开发环境。选中"开始"|"所有程序"|Microsoft Visual Studio 2010 Express|Microsoft Visual C++ 2010 Express 菜单项，启动 Visual C++ 2010 进入集成开发环境。

正常启动 Visual C++ 2010 后，屏幕显示 Visual C++ 2010 主窗口，如图 1-1 所示，主窗口主要由以下几部分组成。

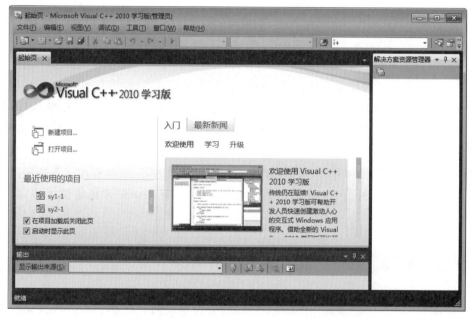

图 1-1　Visual C++ 2010 主窗口

（1）标题栏。标题栏位于窗口最顶部，显示当前应用程序的名称、打开的文件名等，如图 1-1 所示。主窗口标题栏显示"起始页-Microsoft Visual C++ 2010 学习版（管理员）"；标题栏还包含程序图标以及"最小化""最大化/还原"和"关闭"按钮；单击"关闭"按钮，即可退出 Visual C++ 2010 集成开发环境。

（2）菜单栏。菜单栏包含集成开发环境几乎所有的功能，可进行文档操作、程序编辑、调试、窗口操作等。常见菜单有"文件""编辑""视图""项目""调试""工具""窗口""帮助"等项。

（3）工具栏。菜单栏下面是工具栏，图 1-1 显示的是"标准"工具栏，该工具栏上是一些常用命令的按钮，可进行打开、新建、复制、粘贴、剪切等操作，其功能与菜单相同。用户还可以根据需要进行添加需要的工具到工具栏：即在工具栏空白处右击，在弹出的快捷菜单中添加如"文本编辑器""查询设计器""调试"等工具栏。

（4）"起始页"窗口。"起始页"是一个标签页窗口，该窗口包括左、右两部分内容，左部分包括"新建项目""打开项目"和"最近使用的项目"；在左侧最下面，有"在项目加载后关闭此页"和"启动时显示此页"两个复选框,通过单击可以选中或取消。

"起始页"窗口右侧包含"入门"和"最新新闻"两个标签页选项,"入门"又包含3个标签项"欢迎使用""学习"和"升级"选项,单击相应标签页,可以了解和学习相关内容。

（5）解决方案资源管理器。"解决方案资源管理器"是一个窗口,该窗口即可以停靠在主窗口左侧,也可以停靠在主窗口右侧,用户可以根据需要进行设置。此外,该窗口是 Visual C++ 2010 的工作区,是各种程序代码的源文件、资源文件、文档文件等资源的管理器,并通过编辑窗口进行显示。

（6）"输出"窗口。该窗口一般位于集成开发环境的底部,显示程序运行状态,主要是编译和连接、调试以及在文件中查找时输出相关信息。用户可以根据需要进行停靠位置的设置。

（7）状态栏。状态栏位于集成开发环境的最底部,用于显示当前的操作状态、注释、文本光标所在行、列号等信息。在图 1-1 所示的主窗口中,状态栏显示的是"就绪"。

（8）"代码"窗口。"代码"窗口在图 1-1 主窗口没有显示。该窗口主要功能是供用户进行代码编辑,是用户使用的重要窗口。在编辑窗口可以编辑、修改源代码和文本文件,可以将文件中的关键字、注释代码等不同文字加以不同的颜色,使程序一目了然;还能够自动缩进和对齐;可以在用户键入一个函数名后,自动显示函数相应的参数和变量等。

1.2 菜单栏介绍

Visual C++ 2010 集成开发环境的菜单栏包括"文件""编辑""视图""项目""调试""工具""窗口"和"帮助"这 8 个菜单,每个菜单下又有一系列的选项,Visual C++ 2010 通过这些菜单项实现各项操作。

（1）"文件"菜单。"文件"菜单主要是对项目和文件进行创建、打开、保存、另存、打印、页面设置等操作,是进入程序设计的第一步。详细命令选项和功能如图 1-2 所示。

（2）"编辑"菜单。"编辑"菜单主要是对文件内容进行编辑操作,主要包括剪切、复制、粘贴、撤销、重做、删除及查找和替换等功能,详细命令选项和功能如图 1-3 所示。

图 1-2 "文件"菜单

图 1-3 "编辑"菜单

（3）"视图"菜单。"视图"菜单主要是改变窗口和工具栏的显示方式,激活编程、调试时所需要的各个窗口,命令及功能如图 1-4 所示。"视图"菜单中最常用的是"其他窗口"

选项,其中包括"命令窗口""错误列表""属性窗口""解决方案资源管理器""工具箱"等项。

(4)"项目"菜单。"项目"菜单只有创建新项目或打开项目后才显示在菜单栏中,主要用于向项目添加类、添加资源、源文件等。针对项目的操作,如图1-5所示。

图1-4 "视图"菜单

图1-5 "项目"菜单

(5)"调试"菜单。"调试"菜单主要用于设置项目的各项配置,应用程序的编译、创建、调试和运行程序,如图1-6所示。

(6)"工具"菜单。"工具"菜单主要对工具栏、菜单栏以及集成开发环境进行选择和定制,如图1-7所示。

图1-6 "调试"菜单

图1-7 "工具"菜单

(7)"窗口"菜单。"窗口"菜单主要用于窗口新建、拆分、浮动、停靠、隐藏等针对窗口的操作,详细命令选项和功能如图1-8所示。

图1-8 "窗口"菜单

(8)"帮助"菜单。"帮助"菜单主要提供帮助使用和设置、版本信息、MSDN 论坛、检查更新、技术支持等关于 Visual C++ 2010 学习版详细的帮助信息,如图 1-9 所示。

图 1-9 "帮助"菜单

1.3 Visual C++ 2010 常用文件

在 Windows 环境下,大多数应用程序除了许多源代码外,还经常要使用一些菜单、工具栏、对话框、位图之类的对象。在 Visual C++ 中,它们被称为资源,这些资源通常用资源文件保存。另外,还要包含应用程序代码源文件编译连接时需要的库文件、系统文件等。有效地组织并维护文件之间的依赖关系,是应用程序最先达到的目的,在 Visual C++ 中的"项目"就起到这样的作用。实际上,项目作为工作区的主要内容已加入到集成开发环境,不再需要自己来组织这些文件,只需要在开发环境中进行设置、编译、连接等操作就可以创建可执行的应用程序文件或系统文件。

在 Visual C++ 中项目中所有的源文件都是采用文件夹的方式进行管理,它将项目名称作为文件夹名,在子文件夹下包含源程序代码文件、项目文件以及项目工作区文件等。在 Visual C++ 6.0 中,没有"解决方案"的说法,那里只是一个项目的概念。在 Visual C++ 2010 中引入了解决方案的概念,比项目更高一层。解决方案对于开发大型项目是非常有意义的,这样可以更加高效地管理一个大型软件的多个项目,以及多个项目之间存在的依赖关系。在以前的项目管理概念中,不能对此进行管理,这是因为将项目作为最高层次的管理,多个项目之间就没法关联管理。当引入了解决方案,也就可以对多个项目进行整体管理,可以说,解决方案是软件开发项目管理的一大进步。

在掌握解决方案资源管理器前,需要先了解一下什么是解决方案,以及解决方案与项目之间的关系。解决方案(Solution),就是针对某些已经体现出的或者可以预期的问题、不足、缺陷、需求等,所提出的一个解决整体问题的方案,同时能够确保加以有效地执行。在开发软件项目时,应将解决方案的理念融入项目管理中。在创建一个项目时,事实上并不是简单地创建一个项目,而是创建一个解决方案,在这个解决方案中,包含了项目需要的各种东西,以及将各种东西有条不紊地组织在一起,提高了开发效率,更便于管理。

Visual C++ 2010 中的"解决方案资源管理器"是集成开发环境(IDE)中包含解决方案的区域,可以帮助用户管理项目文件,文件显示在一个分层视图中,与 Windows 资源管理器十分相像,默认情况下,"解决方案资源管理器"位于 IDE 的右侧。图 1-10 是打开一个项目 sy1-1 的窗口分层视图。

解决方案资源管理器包含内容如下。

（1）外部依赖项，展开后可以查看到项目所包含的所有外部依赖项。

（2）头文件，展开后可查看所有本项目包含的头文件，也可添加、删除头文件。

（3）源文件，展开后可查看或编写源文件窗口，也可添加、删除源文件。

图 1-10 "解决方案资源管理器"窗口

（4）资源文件，展开后可查看本项目所包含的资源文件，也可添加、删除资源文件。

使用 Visual C++ 2010 开发 C 语言程序，需要新建或打开一个项目，假设项目名称为 sy1-1，C 源代码文件为 sy1-1.c，经过代码编辑、调试和运行后，一般系统将自动在该项目名称文件夹下创建 ipch、sy1-1 和 debug 3 个文件夹，以及扩展名为.sln 和.sdf 的两个文件，其中扩展名为.sln 的文件是解决方案文件，扩展名为.sdf 的文件是系统生成的数据库文件。

使用 Visual C++ 2010 进行 C 或 C++ 进行程序设计时，涉及的文件类型众多，表 1-1 列出了 Visual C++ 2010 中常用文件类型及其含义。

表 1-1 Visual C++ 2010 文件类型及其含义

扩展名	含 义	扩展名	含 义
.c	C 源程序文件	.sln	解决方案文件
.cpp	C++ 源程序文件	.sdf	VS 生成的数据库文件
.h	头文件	.resx	资源文件
.clw	类信息文件	.rc	rc 资源文件
.ilk	链接过程中间文件	.sou	解决方案用户选项文件
.idb	MSDev 中间层文件	.aps	资源信息文件
.ncb	无编译浏览文件	.pfx	数字证书文件
.pch	预编译头文件	.exe	可执行文件
.pdb	程序调试数据库文件	.obj	目标文件
.vcxproj	项目文件	.csproj.user	用户配置文件

注意：在 Visual C++ 2010 中，新建一个项目会同时建立一个 ipch 目录与 sdf 文件，即使将其删掉，再次打开项目时还会重新建立，并且占用较大的存储空间，这是 Visual C++ 2010 的一个新功能，是与智能提示、错误提示、代码恢复、团队本地仓库等息息相关的内容。如果用户不关心这些信息，可通过设置关闭这些文件和文件夹的产生。选中"工具"|"选项"菜单项，打开"选项"对话框，展开"文本编辑器"|"C/C++"|"高级"|"浏览/导航"中，将"禁用数据库"设置为 True，默认为 False，这样当关闭 Visual C++ 2010 后，删掉项目目录下的 ipch 与 sdf 就不会再产生，如图 1-11 所示。

图 1-11 "选项"对话框

第 2 章 使用 Visual C++ 2010 开发 C 程序

C 语言是一种编译型的程序设计语言,如果使用纯粹的 C 语言编译环境(如 Turbo C),开发一个 C 程序要经过编辑、编译、连接和运行 4 个步骤,才能得到运行结果。目前这种编译工具已经被淘汰,通常使用兼容 C 的 Visual C++ 编译工具来编译 C。这里介绍在 Visual C++ 2010 集成开发环境下进行 C 语言程序设计的步骤方法。

第 1 步,在 Visual C++ 2010 集成开发环境中创建一个项目。

第 2 步,在所建项目中创建和编辑 C 语言源程序。

第 3 步,对 C 语言应用程序进行编辑和调试。

第 4 步,运行应用程序。

下面以一个简单的 C 语言程序编程为例,介绍在 Visual C++ 2010 集成开发环境中进行 C 程序设计的方法。

编制程序,功能是给定圆的半径,计算圆的周长和面积;源程序文件 lt1-1.c 代码如下:

```
#include<stdio.h>        /* lt1-1.c */
#define PI 3.14159
main()
{   double r,a,c;
    r=2.5;
    a=PI*r*r;
    c=2*PI*r;
    printf("r=%f,a=%f,c=%f\n", r,a,c);
}
```

2.1 创建工作区和项目

启动 Visual C++ 2010 集成开发环境,选中"文件"|"新建"菜单项,打开"新建项目"对话框,选中中间位置的"空项目",如图 1-12 所示,在对话框的文本框输入对应内容。

图 1-12 "新建项目"对话框

(1) 名称:在文本框内输入项目名称 lt1-1。
(2) 位置:在文本框选择盘符和文件夹,本例选 E 盘。
(3) 解决方案名称:若不输入内容,默认 lt1-1。

单击"确定"按钮,打开"解决方案资源管理器"窗口,如图 1-10 所示。至此项目和工作区创建完成。

2.2 创建 C 语言源程序

在"解决方案资源管理器"窗口中右击"源文件",在弹出的快捷菜单中选择"添加"|"新建项"选项,打开"添加新项"对话框,如图 1-13 所示。选中"C++文件(.cpp)"项,并在文本框输入对应内容。

(1) 名称:文本框内输入文件名称 lt1-1.c(文件名可自行确定)。
(2) 位置:文本框默认 E:\lt1-1\lt1-1。

注意:这里必须输入文件扩展名.c,否则默认扩展名是.cpp,则新建立的就不是 C 源程序文件,而是 C++源程序文件了。单击"添加"按钮,则打开 lt1-1.c 代码窗口,在代码窗口就可以编写 C 程序源代码,进行 C 语言程序设计。

至此,一个新项目工作区和项目已经创建完成,对代码编辑并保存,就完成了 C 语言源程序的编辑工作。通过 Windows 资源管理器可以看到在 E 盘根目录下有一个 lt1-1 文件夹(项目名称),lt1-1 文件夹下面有若干个文件(包括 lt1-1.sdf、lt1-1.sln 等)和文件夹

图 1-13 "添加新项"对话框

(包括 ipch、lt1-1 等),其中 lt1-1.c 文件位于 E:\lt1-1\lt1-1 文件夹内。

2.3 C 程序编辑和调试

在"代码"窗口,输入 lt1-1.c 程序源代码后,单击工具栏的"保存"按钮(或选中"文件"|"保存"菜单项)保存源代码,如图 1-14 所示。

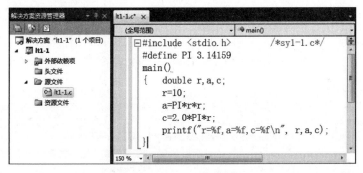

图 1-14 "lt1-1.c 代码"窗口

选中"调试"|"启动调试"菜单项,或按 F5 键即可调试程序。如果 lt1-1.c 程序源代码正确,则程序调试成功,在如图 1-15 所示的"输出"窗口有"生成:成功 1 个,失败 0 个,跳过 0 个"提示信息,则表示 lt1-1.obj 目标程序正确生成,可以进入下一步操作;否则根据输出窗口中显示的出错信息,修改程序中的语法错误后,再调试源程序,如此反复,直到没有

图 1-15 "输出"窗口

语法错误为止。

注意：在"输出"窗口显示输出来源包括"生成、生成顺序、调试"，在如图 1-15 所示的窗口中选中"生成"，显示输出信息。在程序调试过程中，错误信息显示可能有多条，每条信息主要包括被编译的文件名、错误所在的位置（行号）、错误的性质（编号）和错误产生的原因等，其中警告性错误（warning）并不影响程序的调试和运行，但是可能导致运行结果错误。如果双击某条错误信息，则光标停留在出错行上，并在编辑窗口的左边出现一个箭头，指向出错的程序行。这时，需要根据出错信息对源程序进行修改，然后重新调试，直到程序没有错误为止。

2.4 运行 C 程序

选中"调试"|"开始执行"菜单项，或按 Ctrl＋F5 键运行程序，就会得到运行结果，即圆的面积和周长；运行结果窗口如图 1-16 所示，最后一行为"请按任意键继续…"，用户按任意键，直接关闭运行窗口，系统将返回 Visual C++ 2010 主窗口。

图 1-16　lt1-1.c 运行结果

注意：在程序运行过程中，运行窗口如果出现"一闪而过"现象，可进行下面的设置。在"解决资源管理器"窗口，打开项目（如 lt1-1）快捷菜单，选中"属性"项，打开"属性页"对话框进行设置，在"属性页"窗口左侧选中"配置属性"|"连接器"|"系统"，在右侧"子系统"中，选中"控制台(/SUBSYSTEM:CONSOLE)"项，单击"确定"按钮完成设置，如图 1-17 所示。

图 1-17　项目属性设置

第3章　C程序调试步骤和方法

在C语言程序开发过程中,大部分的编程工作往往体现在程序的调试上。C语言程序调试过程一般包括以下几个步骤。

第1步,修改语法错误。

第2步,设置断点。

第3步,调试程序。

第4步,控制程序运行。

第5步,查看和修改变量的值。

3.1 修改语法错误

对初学C语言的程序设计者来说,程序调试的主要任务是修改程序中的语法错误,常见的语法错误主要有以下几种。

(1) 未定义或不合法的标识符,例如未定义函数名、变量名、数组名,系统函数名等输入错误等。

(2) 数据类型、参数类型及个数不匹配。

(3) 括号不配对,包括()、[]、{}等。

(4) 字符输入应该是英文字符(半角),却输入中文字符(全角)。

以上错误在程序调试时如果出现,系统在Visual C++ 2010开发环境的输出窗口将显示每个错误,每个错误都给出其所在的文件名、行号及其错误编号。如果安装了帮助文件,则用户将光标移到输出窗口中的错误项上,按F1键,则可以启动MSDN(Microsoft Developer Network)并显示错误的内容,从而帮助用户理解产生错误的原因。

3.2 设置断点

程序在运行过程中发生错误时,常常需要设置断点来分步进行查找和分析,以便查找程序错误的原因。

(1) 断点的类型。所谓设置断点,实际上是告诉程序调试器在何处暂时中断程序的运行,以便查看程序的状态以及浏览和修改变量的值等信息。在Visual C++ 2010中,用于程序调试的断点可以包括以下3种类型。

① 位置断点。位置断点是指程序运行过程中,程序中断时的代码行号。

② 数据断点。当表达式的值为真或改变数值时,从而中断程序的运行。

③ 条件断点。条件断点是位置断点的扩展,在源代码中条件设置条件断点与位置断点的方式相同。当表达式的值为真或数值改变时,则在指定的位置中断程序的运行。

(2) 设置断点的方法。下面介绍两种在程序中设置或取消断点的方式。

① 使用快捷键。把光标定位到需要设置断点的程序代码行,按F9键设置或取消断点。

② 使用菜单。把光标定位到需要设置断点的程序代码行,然后选中"调试"|"切换断

点"菜单项,设置或取消断点。

断点设置成功后,则在断点所在行的最前面出现一个深红色的实心圆块。图 1-18 显示了在 lt1-1.c 设置的两个断点。

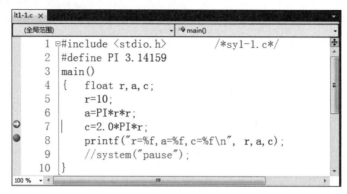

图 1-18　设置断点

3.3　控制程序运行

当程序开始运行在调试状态下时,程序运行到断点的位置就会停顿下来,这时可以看到有一个黄色小箭头,如图 1-18 所示,它指向即将执行的代码行。在"调试"菜单中,有多条命令是控制程序运行的,命令的含义如下。

(1) 继续。继续执行或按 F5 键,程序运行到断点位置。

(2) 停止调试。停止程序运行或按 Ctrl+F5 键。

(3) 逐语句。单步执行或按 F11 键。

(4) 逐过程。进入函数单步执行或按 F10 键。

(5) 跳出。跳出函数执行或按 Ctrl+F10 键。

3.4　查看和修改变量的值

为了方便调试程序,Visual C++ 2010 集成开发环境为用户还提供了一系列调试窗口,用来显示各种调试信息。图 1-19 为 lt1-1.c 程序的调试状态,在"自动窗口"和"即时窗口"可以查看圆半径 r、圆周长 c 和圆面积 a 的值变化信息。

Visual C++ 2010 集成开发环境在调试状态下时,系统提供多种调试窗口,方便用户调试程序使用。单击"调试"工具栏上的"窗口"按钮,即可打开程序调试的窗口菜单,打开多种调试窗口,如图 1-20 所示。下面简要介绍常用调试窗口的操作和使用。

(1) 即时窗口。即时窗口用于帮助用户快速查看或修改某个变量或表达式的值。当然,若用户仅需要快速查看变量或表达式的值,在代码窗口,只要将光标直接指向该变量或表达式上,片刻之后,系统就会自动弹出一个小信息窗口,显示该变量或表达式的值。

选中"调试"|"窗口"|"即时"菜单项,即可打开即时窗口,如图 1-19 所示。在即时窗口输入变量名或表达式,按 Enter 键,将显示对应变量或表达式值。

(2) 自动窗口和局部变量窗口。在调试状态时,"自动变量"和"局部变量"窗口会显

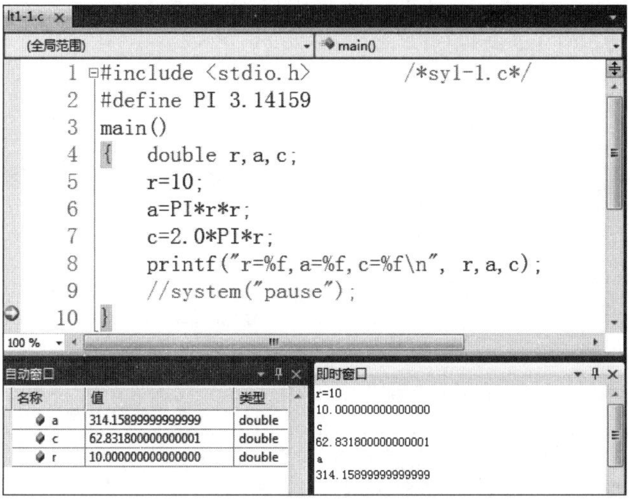

图 1-19　lt1-1.c 调试窗口

图 1-20　"调试"工具栏的"窗口"菜单

示变量值,"自动变量"窗口显示当前断点周围使用的变量。"局部变量"窗口显示在局部范围内定义的变量,通常是当前函数或方法。

① 打开"自动窗口"。在调试工具栏上单击"窗口"按钮,选中"自动窗口"选项。

② 打开"局部变量"窗口。在调试工具栏上单击"窗口"按钮,选中"局部变量"选项。

(3) 监视窗口。在调试状态时,"监视窗口"用来监视变量和表达式的值,在"调试"工具栏上单击"窗口"|"监视",可以打开 4 个监视窗口。

3.5　C 程序错误类型

C 语言程序设计在集成开发环境中,编译程序查出的源程序错误分为 3 类,包括严重错误(fatal error)、一般错误(error)和警告(warning)。在程序调试过程中,编译程序首先输出这 3 类出错信息,然后输出源文件名和发现出错的行号,最后输出信息的内容。表 1-2 列出这 3 类出错信息,对每一条信息,均指出了可能产生的原因和纠正方法。

注意：出错信息处有关行号的一个细节,编译程序仅产生检测到的信息。因为 C 不限定在正文的某行设置语句,这样真正产生错误的行可能在指出行号的前一行或前几行。

(1) 严重错误(fatal error)。这种错误很少出现,通常是内部编译出错。在发生严重错误时,编译应立即停止,必须采取一些适当的措施并重新编译。表 1-2 为编译时出现严重错误的信息提示及原因。

表 1-2 C 程序编译严重错误提示信息

序号	错 误 信 息	错 误 原 因
1	bad call of inline function/内部函数非法调用	内部函数以双下画线(_ _)开始和结束
2	irreducible expression tree/不可约表达式树	由于源文件中的某些表达式使得代码生成程序无法为它产生代码,应避免使用这种表达式
3	register allocation failure/存储器分配失效	源文件行中的表达式太复杂,代码生成程序无法为它生成代码,应避免使用

(2) 警告(warning)。警告错误不阻止编译继续进行,它指出一些值得怀疑的情况,而这些情况本身又可以合理地作为源程序的一部分。一旦在源文件中使用了与计算机有关的结构,编译程序就将产生警告信息。表 1-3 为 C 程序在编译时常见的警告错误提示信息。

表 1-3 C 程序编译警告错误提示信息

序号	错 误 信 息	信 息 解 释
1	'xxx' declared but never used	声明了'xxx'但未使用
2	'xxx' is assigned a value which is never used	变量'xxx' 赋值后,但直到函数结束都未使用
3	'xxx' not part of structure	'xxx'不是结构体的一部分
4	ambiguous operators need parentheses	二义性操作符需要括号
5	both return and return of a value used	既使用返回又使用返回值
6	call to function with prototype	调用无原型函数
7	call to function 'xxx' with prototype	调用无原型'xxx'函数
8	code has no effect	代码无效
9	constant is long	常量是 long 类型
10	constant out of range in comparison	比较时常量超出了范围
11	conversion may loss significant digits	转换可能丢失高位数字
12	function should return a value	函数应该返回一个值
13	mixing pointers to signed and unsigned char	混淆 signed 和 unsigned char 指针
14	no declaration for function 'xxx'	函数'xxx'没有声明
15	non-portable pointer assignment	不可移植指针赋值
16	non-portable pointer comparison	不可移植指针比较

续表

序号	错误信息	信息解释
17	non-portable return type conversion	不可移植返回类型转换
18	parameter 'xxx' is never used	参数'xxx'从未使用
19	possible use of 'xxx' before definition	参数在定义'xxxx'之前可能已使用
20	possible incorrect assignment	可能的不正确赋值
21	redefinition of 'xxx' is not identical	'xxx'的重定义不相同
22	restarting compiler using assembly	用汇编重新启动编译
23	structure passed by value	结构按值传送
24	superfluous & with function or array	在函数或数组中有多余的"&"
25	suspicious pointer conversion	可疑的指针转换
26	unefined structure 'xxx'	'xxx'未定义
27	unknown assembler instruction	不认识的汇编命令
28	Unreachable code	不可达代码
29	void function may not return a value	函数不可以返回值
30	zero length structure	结构长度为0

（3）一般错误(error)。一般错误是指程序的语法错误以及磁盘、内存或命令行错误等。编译程序将完成现阶段的编译，然后停止。编译程序在每个阶段（预处理、语法分析、优化、代码生成）将尽可能多地找出源程序中的错误。表1-4为C程序在编译时出现的一般错误提示信息及解释。

表1-4　C程序编译错误提示信息

序号	错误信息	信息解释
1	♯ operator not followed by macro argument name	♯运算符后无宏变量名
2	'xxx' not an argument	'xxx'不是函数参数
3	ambiguous symbol 'xxx'	二义性符号'xxx'
4	argument ♯ missing name	参数♯名丢失
5	argument list syntax error	参数表出现语法错误
6	array bounds missing	数组的界限符丢失
7	array size too large	数组太大
8	assembler statement too long	汇编语句太长
9	bad file name format in include directive	包含命令中文件名格式不正确
10	bad ifdef directive syntax	ifdef指令语法错误

序号	错误信息	信息解释
11	bad undef directive syntax	undef 指令语法错误
12	bad file size syntax	位字段长度语法错误
13	call of non-function	调用未定义函数
14	can not modify a const object	不能修改一个常量对象
15	case outside of switch	case 出现在 switch 外
16	case statement missing	case 语句漏掉
17	case syntax error	case 语法错误
18	character constant too long	字符常量太长
19	compound statement missing	复合语句漏掉了"}"
20	conflicting type modifiers	类型修饰符冲突
21	constant expression required	要求常量表达式
22	could not find 'xxx'	找不到'xxx'文件
23	declaration missing ;	说明漏掉";"
24	declaration needs type or storage class	说明必须给出类型或存储类
25	declaration syntax error	说明出现语法错误
26	default outside of switch	default 在 switch 外出现
27	default directive needs an identifer	default 指令必须有一个标识符
28	division by zero	除数为零
29	do statement must have while	do 语句中必须有 while
30	do-while statement missing(	do…while 语句中漏掉了"("
31	do-while statement missing)	do…while 语句中漏掉了")"
32	do-while statement missing ;	do…while 语句中漏掉了";"
33	duplicate case	case 后的常量表达式重复
34	enum syntax error	enum 语法错误
35	enumeration constant syntax error	枚举常量语法错误
36	error directive：xxx	error 指令：xxx
37	error writing output file	写输出文件出现错误
38	expression syntax	表达式语法错误
39	extra parameter in call	调用时出现多余的参数
40	extra parameter in call to xxx	调用 xxx 函数时出现了多余的参数
41	file name too long	文件名太长

续表

序号	错 误 信 息	信 息 解 释
42	for statement missing)	for 语句漏掉")"
43	for statement missing;	for 语句漏掉";"
44	for statement missing(	for 语句漏掉"("
45	function call missing)	函数调用缺少")"
46	function definition out of place	函数定义错误
47	function doesn't take a variable number of argument	函数不接受可变的参数
48	goto statement missing label	goto 语句缺少标号
49	if statement missing)	if 语句缺少")"
50	if statement missing(	if 语句缺少"("
51	illegal character')'(0xxxx)	非法字符'('(0xxxx)
52	illegal initialization	非法初始化
53	illegal octal digit	非法八进制数
54	illegal pointer subtraction	非法指针相减
55	illegal structure operation	非法结构操作
56	illegal use of floating point	浮点运算非法
57	illegal use of pointer	非法使用指针
58	improper use of a typedef symbol	typedef 符号使用不当
59	in-line assemble not allowed	内部汇编语句不允许
60	incompatible storage class	不相容的存储类
61	incompatible type conversion	不相容的类型转换
62	incorrect command line argument：xxx	不正确的命令行参数:xxx
63	incorrect configuration file argument：xxx	不正确的配置文件参数:xxx
64	incorrect number format	不正确的数据格式
65	incorrect use of default	default 不正确使用
66	initializer syntax error	初始化语法错误
67	invalid indirection	无效的间接运算
68	invalid macro argument separator	无效的宏参数分隔符
69	invalid pointer addition	无效的指针相加
70	invalid use of arrow	箭头使用错
71	invalid use of dot	点操作符使用错误
72	value required	赋值请求

续表

序号	错误信息	信息解释
73	marco argument syntax error	宏参数语法错误
74	marco expansion too long	宏扩展太长
75	may compile only one file when an output file name is given	给出一个输出文件名时,只编译一个文件
76	mismatch number of parameters in definition	定义中参数个数不匹配
77	misplaced break	break 位置错误
78	misplaced continue	continue 位置错误
79	misplaced else	else 位置错误
80	misplaced decimal point	十进制小数点位置错
81	misplaced elif directive	elif 指令位置错
82	misplaced else directive	else 指令位置错
83	misplaced endif directive	endif 指令位置错
84	must be addressable	必须是可编址的
85	must take address of memory location	必须是内存地址
86	no file name ending	无文件名终止符
87	no file names given	未给文件名
88	non-portable pointer assignment	对不可移植的指针赋值
89	non-portable pointer comparison	不可移植的指针比较
90	non-portable return type conversion	不可移植的返回类型转换
91	not an allowed type	不允许的类型
92	out of memory	内存不够
93	pointer required on left side of	操作符左边须是一指针
94	redeclaration of 'xxxx'	此标识符'xxx'已经定义
95	size of structure or array not known	结构或数组大小不定
96	statement missing ;	语句缺少";"
97	structure or union syntax error	结构或联合语法错误
98	structure size too large	结构太大
99	subscripting missing]	下标缺少"]"
100	switch statement missing)	switch 语句缺少")"
101	switch statement missing (	switch 语句缺少"("
102	too few parameters in call	函数调用参数不够

续表

序号	错误信息	信息解释
103	too few parameter in call to 'xxx'	调用'xxx'时参数不够
104	too many cases	case 太多
105	too many decimal points	十进制小数点太多
106	too many default cases	default 太多
107	too many exponents	阶码太多
108	too many initializers	初始化太多
109	too many storage classes in declaration	说明中存储类太多
110	too many types in declaration	说明中类型太多
111	too much auto memory in function	函数中自动存储太多
112	too much code define in file	文件定义的代码太多
113	too much global data define in file	文件中定义的全局程数据太多
114	two consecutive dots	两个连续点
115	type mismatch in parameter ♯	第♯个参数类型不匹配
116	type mismatch in parameter ♯ in call to 'xxx'	调用'xxx'时,第♯个参数类型不匹配
117	type mismatch in parameter 'xxx'	参数'xxx'类型不匹
118	type mismatch in parameter 'xxx' in call to 'yyy'	调用'yyy'时参数'xxx'类型不匹配
119	type mismatch in redeclaration of 'xxx'	重定义类型'xxx'不匹配
120	unable to creat output file 'xxx'	不能创建输出文件'xxx'
121	unable to create turboc.lnk	不能创建 turboc.lnk
122	unable to execute command 'xxx'	不能执行'xxx'命令
123	unable to open include file 'xxx'	不能打开包含文件'xxx'
124	unable to open input file 'xxx'	不能打开输出文件'xxx'
125	undefined label 'xxx'	标号'xxx'未定义
126	undefined structure 'xxx'	结构'xxx'未定义
127	undefined symbol 'xxx'	符号'xxx'未定义
128	unexpected end of file in comment started on line ♯	源文件在第♯个注释中意外结束
129	unexpected end of file in conditional stated on line ♯	源文件在♯行开始的条件语句中意外结束
130	unknown preprocessor directive 'xxx'	不认识的预处理指令'xxx'
131	unterminated character constant	未终结的字符常量
132	unterminated string	未终结的串

续表

序号	错 误 信 息	信 息 解 释
133	unterminated string or character constant	未终结的串或字符常量
134	user break	用户中断,用户按了 Ctrl＋Break 键
135	while statement missing (	while 语句漏掉"("
136	while statement missing)	while 语句漏掉")"
137	wrong number of arguments in of 'xxx'	调用'xxx'时参数个数错误

第2篇 C程序设计实验指导

本篇为实验指导,力求通过大量的实例,循序渐进地引导学习者做好各项实验。根据实验教学大纲要求,本篇共编排了11项实验。每项实验内容设计4类实验题型,以满足不同层次的学习要求,最终达到提高实践能力和应用能力的目的。

(1) 启发型实验——程序验证题。给出完整的C语言程序,由学习者输入和编辑程序,然后验证程序的运行结果,使学习者初步掌握本实验的基本步骤和方法。

(2) 引导型实验——程序修改题。给出全部C语言源程序,设置若干考核错误点,由学习者找出错误点,然后改正并调试运行程序,使输出结果正确。

(3) 扩展型实验——程序填空题。给出大部分源程序,设置若干考核知识点,由学习者进行填空并调试运行程序,使输出结果正确。

(4) 设计型实验——程序设计题。根据题目的功能和要求,给出部分源程序,让学习者自行设计算法,自主进行程序开发设计,实现程序要求的功能。

实验1 简单的C程序设计

1. 实验目的

(1) 掌握并熟悉C语言集成开发环境 Visual C++ 2010。
(2) 了解C程序的基本结构框架。
(3) 掌握运行一个简单的C程序的步骤。
(4) 理解程序调试的基本思想,找出并能改正C程序中的语法错误。

2. 实验内容

【实验1-1】

(1) 实验类型:启发型实验——程序验证。
(2) 实验题目:编制程序,给定圆的半径,计算并在屏幕上输出圆的周长和面积。
(3) 源程序代码:文件名sy1-1.c。

```c
#include<stdio.h>          /* sy1-1.c */
#define PI 3.14159
main()
{   double r, a, c;
    r=10;
    a=PI*r*r;
    c=2*PI*r;
    printf("r=%f,a=%f,c=%f\n", r,a,c);
}
```

（4）实验步骤。

第1步：启动 Visual C++ 2010，进入集成开发环境。

第2步：选中"文件"|"新建"|"新项目"菜单项。

第3步：在"添加新项"窗口中选中"空项目"。

第4步：在"名称"框内输入项目名称 sy1-1，单击"确定"按钮。

第5步：在"解决方案资源管理器"窗口中展开 sy1-1 项目。

第6步：右击"源文件"，在弹出的快捷菜单中选择"添加"|"现有项"选项。

第7步：在"现有项"窗口中找到源程序文件名 sy1-1.c，添加源程序。

第8步：双击 sy1-1.c，编辑源程序 sy1-1.c。

第9步：按 F5 键调试程序，按 Ctrl+F5 键运行程序。

第10步：记录实验过程和实验结果，撰写实验报告。

（5）实验结果：如图 2-1 所示。

图 2-1 实验 1-1 运行结果

【实验 1-2】

（1）实验类型：引导型实验——程序修改。

（2）实验题目：程序的功能是通过键盘输入圆的半径 r，计算圆的周长 c 和面积 a，并在屏幕上显示输出结果。改正程序中的错误，使它能输出正确结果。

注意：错误在注释行下一行，不得增加行或删除行，也不得更改程序的结构。

（3）源程序代码：文件名 sy1-2.c。

```c
#include<stdio.h>          /* sy1-2.c */
#define PI 3.14159
main()
{   double r, a, c;
/**********found**********/
    printf("input r=")
```

```
    scanf("%lf", &r);
    a=PI*r*r;
/**********found**********/
    c=2.0*pi*r;
    printf("r=%f,a=%f,c=%f\n", r,a,c);
}
```

(4) 实验步骤。

第 1 步:启动 Visual C++ 2010,进入集成开发环境。

第 2 步:选中"文件"|"新建"|"新项目"菜单项。

第 3 步:在"添加新项"窗口中选中"空项目"。

第 4 步:在"名称"框内输入项目名称 sy1-2,单击"确定"按钮。

第 5 步:在"解决方案资源管理器"窗口中展开 sy1-2 项目。

第 6 步:右击"源文件",在弹出的快捷菜单中选择"添加"|"现有项"选项。

第 7 步:在"现有项"窗口中找到源程序文件名 sy1-2.c,添加源程序。

第 8 步:双击 sy1-2.c,编辑源程序 sy1-2.c。

第 9 步:按 F5 键调试程序,按 Ctrl+F5 键运行程序。

第 10 步:记录实验过程和实验结果,撰写实验报告。

(5) 实验结果:如图 2-2 所示。

图 2-2 实验 1-2 的运行结果

【实验 1-3】

(1) 实验类型:扩展型实验——程序填空。

(2) 实验题目:程序的功能是通过用 scanf()函数从键盘接收一个字母,用 printf()函数显示其字符和十进制代码值。在程序的下画线处填入正确的内容,并把下画线删除,使程序输出正确的结果。

注意:不得增加行或删除行,也不得更改程序的结构。

(3) 源程序代码:文件名 sy1-3.c。

```
#include<stdio.h>         /* sy1-3.c */
main()
{   【1】
    printf("input a letter : ");
    scanf("%c", &ch);
    printf( 【2】 );
}
```

(4) 实验步骤。

第 1 步：启动 Visual C++ 2010，进入集成开发环境。

第 2 步：选中"文件"|"新建"|"新项目"菜单项。

第 3 步：在"添加新项"窗口中选中"空项目"。

第 4 步：在"名称"框内输入项目名称 sy1-3，单击"确定"按钮。

第 5 步：在"解决方案资源管理器"窗口中展开 sy1-3 项目。

第 6 步：右击"源文件"，在弹出的快捷菜单中选择"添加"|"现有项"选项。

第 7 步：在"现有项"窗口中找到源程序文件名 sy1-3.c，添加源程序。

第 8 步：双击 sy1-3.c，编辑源程序 sy1-3.c。

第 9 步：按 F5 键调试程序，按 Ctrl+F5 键运行程序。

第 10 步：记录实验过程和实验结果，撰写实验报告。

(5) 实验结果：如图 2-3 所示。

图 2-3　实验 1-3 的运行结果

【实验 1-4】

(1) 实验类型：设计型实验——程序设计。

(2) 实验题目：程序的功能是从键盘输入矩形的两条边长 a 和 b，计算该矩形的面积 s，并在屏幕上显示计算结果，假如边长 a 为 5，b 为 8，则输出结果 s 为 40。仅在函数 main() 的"{ }"内填入编写的程序语句。

(3) 源程序代码：文件名 sy1-4.c。

```
#include<stdio.h>          /* sy1-4.c */
main()
{

}
```

(4) 实验步骤。

第 1 步：启动 Visual C++ 2010，进入集成开发环境。

第 2 步：选中"文件"|"新建"|"新项目"菜单项。

第 3 步：在"添加新项"窗口中选中"空项目"。

第 4 步：在"名称"框内输入项目名称 sy1-4，单击"确定"按钮。

第 5 步：在"解决方案资源管理器"窗口中展开 sy1-4 项目。

第 6 步：右击"源文件"，在弹出的快捷菜单中选择"添加"|"现有项"选项。

第 7 步：在"现有项"窗口中找到源程序文件名 sy1-4.c，添加源程序。

第 8 步：双击 sy1-4.c，编辑源程序 sy1-4.c。

第 9 步：按 F5 键调试程序，按 Ctrl+F5 键运行程序。

第 10 步：记录实验过程和实验结果，撰写实验报告。

(5) 实验结果：如图 2-4 所示。

图 2-4　实验 1-4 的运行结果

【实验 1-5】

(1) 实验类型：设计型实验——程序设计。

(2) 实验题目：程序的功能是从键盘输入变量 a 和 b 的值，将它们在屏幕上输出；然后将二者的值进行交换，并显示交换后的 a、b 值。例如 a 和 b 的输入值分别是 5 和 8，交换后 a 的值为 8 而 b 的值为 5。仅在函数 main() 的"{}"内填入编写的程序语句。

(3) 源程序代码：文件名 sy1-5.c。

```
#include<stdio.h>          /* sy1-5.c */
main()
{

}
```

(4) 实验步骤。

第 1 步：启动 Visual C++ 2010，进入集成开发环境。

第 2 步：选中"文件"|"新建"|"新项目"菜单项。

第 3 步：在"添加新项"窗口中选中"空项目"。

第 4 步：在"名称"框内输入项目名称 sy1-5，单击"确定"按钮。

第 5 步：在"解决方案资源管理器"窗口中展开 sy1-5 项目。

第 6 步：右击"源文件"，在弹出的快捷菜单中选择"添加"|"现有项"选项。

第 7 步：在"现有项"窗口中找到源程序文件名 sy1-5.c，添加源程序。

第 8 步：双击 sy1-5.c，编辑源程序 sy1-5.c。

第 9 步：按 F5 键调试程序，按 Ctrl+F5 键运行程序。

第 10 步：记录实验过程和实验结果，撰写实验报告。

(5) 实验结果：如图 2-5 所示。

图 2-5　实验 1-5 的运行结果

实验2 数据运算和输入输出

1. 实验目的

(1) 掌握C语言的基本数据类型及常量表示方法。
(2) 掌握C语言变量定义及其初始化。
(3) 掌握各种运算符及表达式的运算规则、书写方法和求值规则。
(4) 熟练掌握算术表达式中不同类型数据之间的转换和运算规则。
(5) 熟悉并掌握不同类型数据的输入和输出方法。

2. 实验内容

【实验2-1】

(1) 实验类型：启发型实验——程序验证。
(2) 实验题目：运行下面的程序，分析程序运行结果。
(3) 源程序代码：文件名sy2-1.c。

```c
#include<stdio.h>          /* sy2-1.c */
main()
{   int i=5,j=5,x;
    i++;
    printf("i=%d,j=%d\n",++i,j++);
    x=10;
    x+=x-=x-x;
    printf("x=%d\n",x);
}
```

(4) 实验步骤。

第1步：启动Visual C++ 2010，进入集成开发环境。

第2步：创建新项目，名称为sy2-1。

第3步：添加源程序，文件名为sy2-1.c。

第4步：编辑源程序sy2-1.c。

第5步：按F5键调试程序，记录实验过程。

第6步：按Ctrl+F5键运行程序，记录实验结果。

第7步：撰写实验报告。

(5) 实验结果：如图2-6所示。

图2-6 实验2-1的运行结果

(6) 掌握知识点：算术运算符＋＋、－－，复合赋值运算符。

【实验 2-2】

(1) 实验类型：引导型实验——程序修改。

(2) 实验题目：程序的功能是求华氏温度 100°F 对应的摄氏温度。计算公式为
$$c=(5\times(f-32))\div 9$$
其中 c 表示摄氏温度，f 表示华氏温度。改正程序中的错误，使它能输出正确结果。

注意：错误在注释行的下一行，不得增加行或删除行，也不得更改程序的结构。

(3) 源程序代码：文件名 sy2-2.c。

```
/**********found**********/
#include<stdoi.h>              /* sy2-2.c */
main()
{   int c, f=100;
/**********found**********/
    c=5×(f-32)/9;
    printf("f=%d, c=%d,\n",f,   c);
}
```

(4) 实验步骤。

第 1 步：启动 Visual C++ 2010，进入集成开发环境。

第 2 步：创建新项目，名称为 sy2-2。

第 3 步：添加源程序，文件名为 sy2-2.c。

第 4 步：编辑源程序 sy2-2.c。

第 5 步：按 F5 键调试程序，记录实验过程。

第 6 步：按 Ctrl＋F5 键运行程序，记录实验结果。

第 7 步：撰写实验报告。

(5) 实验结果：如图 2-7 所示。

图 2-7　实验 2-2 的运行结果

【实验 2-3】

(1) 实验类型：扩展型实验——程序填空。

(2) 实验题目：程序的功能是输入三角形的三条边 a、b、c（假设三条边满足构成三角形的条件），计算并输出该三角形的面积 s。计算三角形面积的公式为
$$p=(a+b+c)/2, \quad s=\sqrt{p(p-a)(p-b)(p-c)}$$

在程序的下画线处填上正确的内容,并把下画线删除,使程序输出正确的结果。

注意:不得增加行或删除行,也不得更改程序的结构。

(3)源程序代码:文件名 sy2-3.c。

```
#include<stdio.h>            /* sy2-3.c */
#include<math.h>
main()
{   float a,b,c,p,s;
    scanf("%f%f%f",&a,&b,&c);
    p=(a+b+c)/2;
     【1】
    printf("Three edges are:%.2f,%.2f,%.2f\n",a,b,c);
     【2】
}
```

(4)实验步骤。

第 1 步:启动 Visual C++ 2010,进入集成开发环境。

第 2 步:创建新项目,名称为 sy2-3。

第 3 步:添加源程序,文件名为 sy2-3.c。

第 4 步:编辑源程序 sy2-3.c。

第 5 步:按 F5 键调试程序,记录实验过程。

第 6 步:按 Ctrl+F5 键运行程序,记录实验结果。

第 7 步:撰写实验报告。

(5)实验结果:如图 2-8 所示。

图 2-8 实验 2-3 的运行结果

注意:程序中需要用到数学函数 sqrt(),因此程序中必须包含标题文件 math.h。

【实验 2-4】

(1)实验类型:设计型实验——程序设计。

(2)实验题目:程序的功能是定义两个字符变量 ch1,ch2,用键盘输入字符"A"至 ch1,而 ch2=ch1+32。依次按字符、十进制、八进制和十六进制数的形式输出 ch1 和 ch2 的值,要求每个变量各占一行。仅在函数 main()的"{}"内填入编写的程序语句。

(3)源程序代码:文件名 sy2-4.c。

```
#include<stdio.h>            /* sy2-4.c */
main()
```

{

}

(4) 实验步骤。

第 1 步:启动 Visual C++ 2010,进入集成开发环境。

第 2 步:创建新项目,名称为 sy2-4。

第 3 步:添加源程序,文件名为 sy2-4.c。

第 4 步:编辑源程序 sy2-4.c。

第 5 步:按 F5 键调试程序,记录实验过程。

第 6 步:按 Ctrl+F5 键运行程序,记录实验结果。

第 7 步:撰写实验报告。

(5) 实验结果:如图 2-9 所示。

图 2-9　实验 2-4 的运行结果

(6) 知识点:输出函数 printf() 和输入函数 scanf() 的使用。

【实验 2-5】

(1) 实验类型:设计型实验——程序设计。

(2) 实验题目:程序的功能是编制一个程序,计算两个复数的和与积。

提示:C 语言不提供复数类型,当需要计算两个复数之和时,先输入两个复数 ($a+bi$) 和 ($c+di$) 的实部 (a,c) 和虚部 (b,d),然后分别计算两复数之和 $(a+c)+(b+d)i$;两复数之积 $(ac-bd)+(ad+bc)i$,最后按复数的形式打印显示出来。仅在函数 main() 的 "{}" 内填写程序语句。

(3) 源程序代码:文件名 sy2-5.c。

```
#include<stdio.h>       /* sy2-5.c */
main()
{

}
```

(4) 实验步骤。

第 1 步:启动 Visual C++ 2010,进入集成开发环境。

第 2 步:创建新项目,名称为 sy2-5。

第 3 步:添加源程序,文件名为 sy2-5.c。

第 4 步:编辑源程序 sy2-5.c。

第 5 步：按 F5 键调试程序，记录实验过程。

第 6 步：按 Ctrl+F5 键运行程序，记录实验结果。

第 7 步：撰写实验报告。

(5) 实验结果：如图 2-10 所示。

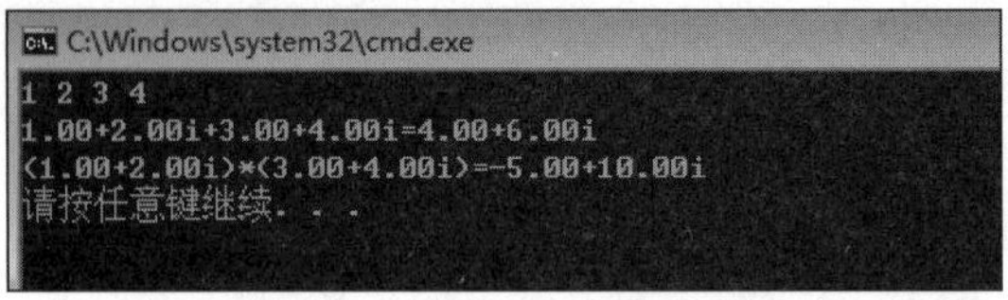

图 2-10 实验 2-5 的运行结果

(6) 掌握知识点：printf() 函数的使用。

实验 3 选择结构程序设计

1. 实验目的

(1) 掌握 if 语句构成的选择结构及测试表达式的书写。

(2) 掌握 switch 语句构成的选择结构及使用。

(3) 学会掌握用选择结构编写简单的 C 程序。

2. 实验内容

【实验 3-1】

(1) 实验类型：启发型实验——程序验证。

(2) 实验题目：编制程序，其功能是任给 3 个整数 a、b、c，将最大数存放在变量 a 中，最小数存放在变量 c 中，并按从大到小的顺序输出。若 a、b、c 分别输入 2、8、5，则输出结果是 8、5、2。

(3) 算法指导：这是一个简单的数据排序问题，主要操作是比较和交换，步骤如下：

① 比较 a 和 b，若 $a<b$，则将 a、b 交换；否则，进入下一步。

② 比较 a 和 c，若 $a<c$，则将 a、c 交换；否则，进入下一步。

③ 比较 b 和 c，若 $b<c$，则将 b、c 交换；否则，进入下一步。

④ 按 a、b、c 顺序输出。

(4) 源程序代码：文件名 sy3-1.c。

```
#include<stdio.h>            /* sy3-1.c */
main()
{   int a,b,c,t;
    scanf("%d%d%d",&a,&b,&c);
    printf("Before sorting:%d  %d  %d\n",a,b,c);
    if (a<b)     { t=a;a=b;b=t; }
```

```
    if (a<c)    { t=a;a=c;c=t; }
    if (b<c)    { t=b;b=c;c=t; }
    printf("After sorting:%d   %d   %d\n",a,b,c);
}
```

(5) 实验步骤。

第 1 步：启动 Visual C++ 2010。

第 2 步：创建新项目，名称为 sy3-1。

第 3 步：添加源程序，文件名为 sy3-1.c。

第 4 步：编辑源程序 sy3-1.c。

第 5 步：调试、运行程序，记录实验过程和结果。

第 6 步：撰写实验报告。

(6) 实验结果：如图 2-11 所示。

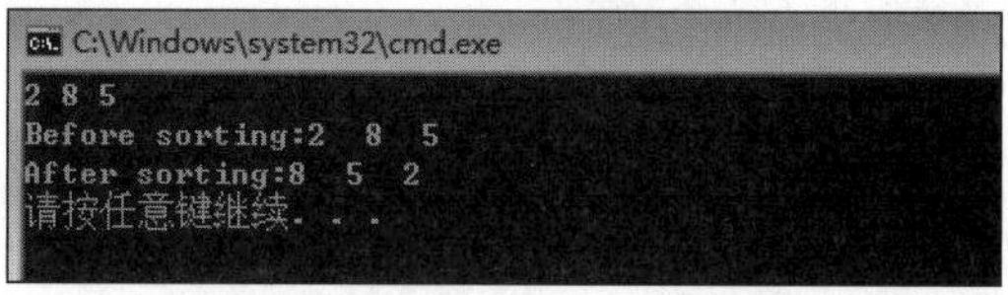

图 2-11 实验 3-1 的运行结果

(7) 掌握知识点：单分支 if 语句的使用。

【实验 3-2】

(1) 实验类型：引导型实验——程序修改。

(2) 实验题目：在商场购物时，若所购物品的总价值 x（由键盘输入）在下述范围内，所付钱 y 按对应折扣支付，即

$$y = \begin{cases} x, & x < 1000 \\ 0.9x, & 1000 \leqslant x < 2000 \\ 0.8x, & 2000 \leqslant x < 3000 \\ 0.7x, & x \geqslant 3000 \end{cases}$$

改正程序中的错误，使它能输出正确结果，若购物总价为 2800 元，则折扣后应支付 2240 元。

注意：错误点在注释行的下一行，不得增加行或删除行，也不得更改程序的结构。

(3) 算法指导：要判断购买物品的价值 x 在哪个区间内，需要连续判断多个条件，可用 if…else if…else 结构实现，有两种表示方法。

① 将条件从小到大或从大到小顺序列出。

② 不管次序将所有条件区间逐一列出。

(4) 源程序代码：文件名 sy3-2.c，此处代码采用不管次序将所有条件区间逐一列出。

```
#include<stdio.h>           /* sy3-2.c */
main()
```

```
{   float x,y;
    scanf("%f",&x);
/**********found**********/
    if (x>1000) y=x;
/**********found**********/
    else if (x<2000||x>=1000) y=0.9*x;
    else if (x<3000&&x>=2000) y=0.8*x;
    else if (x>=3000)    y=0.7*x;
    printf("x=%.2f,y=%.2f\n",x,y);
}
```

(5) 实验步骤。

第 1 步：启动 Visual C++ 2010。

第 2 步：创建新项目，名称为 sy3-2。

第 3 步：添加源程序，文件名为 sy3-2.c。

第 4 步：编辑源程序 sy3-2.c。

第 5 步：调试、运行程序，记录实验过程和结果。

第 6 步：撰写实验报告。

(6) 实验结果：如图 2-12 所示。

图 2-12　实验 3-2 的运行结果

(7) 掌握知识点：多分支结构 if…else if…else 语句的使用。

【实验 3-3】

(1) 实验类型：扩展型实验——程序填空。

(2) 实验题目：编制程序，其功能是从键盘输入一个不大于 4 位的整数，能显示出它是几位数，并按正、反序显示出各位数字。例如，若输入整数 1234，则输出为：$n=4$，1234，4321。在程序的下画线处填入正确的内容，并把下画线删除，使程序输出正确的结果。

注意：不得增加行或删除行，也不得更改程序的结构。

(3) 算法指导：要顺序解决 3 个问题，一是判断输入的数是几位，二是分离出输入数的各位数字，三是按正序和反序输出各位数字，算法步骤如下。

① 用 if…else if…else 多重选择结构判断输入的整数是几位数，例如，若 $x>1000$，则 x 为四位数，即 $n=4$；否则，再继续判断是三位数、两位数或一位数。

② 根据该数的位数 n，用 swith 语句分别求出 x 的每一位数字。例如，当 $n=4$ 时，先求出个位数字，再求出十位数字，直到千位数字，每求出一位数字后，将 x 缩小 10 倍，以便求下一位数字。

③ 按顺序和反序打印出各位数字。

(4) 源程序代码：文件名 sy3-3.c。

```c
#include<stdio.h>              /* sy3-3.c */
main()
{   char c1,c2,c3,c4;
    int n;
    long int x;
    c1=c2=c3=c4=' ';
    scanf("%ld",&x);
    if (x>=1000) n=4;
    else if (x>=100) n=3;
    else if (x>=10) n=2;
    else n=1;
      【1】
    {   case 4: c4=x%10+'0'; x=x/10;
        case 3: c3=x%10+'0'; x=x/10;
        case 2: c2=x%10+'0'; x=x/10;
        case 1:  【2】
    }
    printf("n=%d\n",n);
    printf("%c%c%c%c\n",c1,c2,c3,c4);
    printf("%c%c%c%c\n",c4,c3,c2,c1);
}
```

(5) 实验步骤。

第 1 步：启动 Visual C++ 2010。

第 2 步：创建新项目，名称为 sy3-3。

第 3 步：添加源程序，文件名为 sy3-3.c。

第 4 步：编辑源程序 sy3-3.c。

第 5 步：调试、运行程序，记录实验过程和结果。

第 6 步：撰写实验报告。

(6) 实验结果：如图 2-13 所示。

图 2-13　实验 3-3 的运行结果

(7) 掌握知识点：多分支结构语句和 switch 语句的使用。

【实验 3-4】

(1) 实验类型:设计型实验——程序设计。

(2) 实验题目:编制程序,求一元二次方程 $ax^2+bx+c=0$ 的根。仅在函数 main() 的"{}"内填入编写的程序语句。

(3) 算法指导:一元二次方程求根需要按下列步骤进行。

① 若 $a=0$,二次方程蜕变为一次方程。这时若 $b\neq 0$,则方程有单个实根;若 $b=0$ 且 $c\neq 0$,则方程无解;若 $b=0$ 且 $c=0$,则方程有无穷多解。

② 当 $a\neq 0$ 时,先计算根的判别式 $d=b^2-4ac$,再判断:若 $d=0$,则方程有两个相等的实根;若 $d>0$,则方程有两个不相等的实根;若 $d<0$,则方程有一对共轭复根。

(4) 源程序代码:文件名 sy3-4.c。

```
#include<stdio.h>        /* sy3-4.c */
#include<math.h>
main()
{

}
```

(5) 实验步骤。

第 1 步:启动 Visual C++ 2010。

第 2 步:创建新项目,名称为 sy3-4。

第 3 步:添加源程序,文件名为 sy3-4.c。

第 4 步:编辑源程序 sy3-4.c。

第 5 步:调试、运行程序,记录实验过程和结果。

第 6 步:撰写实验报告。

(6) 实验结果:如图 2-14 所示。

图 2-14 实验 3-4 的运行结果

(7) 掌握知识点:单分支、双分支语句的使用。

【实验 3-5】

(1) 实验类型:设计型实验——程序设计。

(2) 实验题目:编制程序,功能是输入三角形的三条边 a、b、c 的值,判断这 3 条边能否构成三角形。若能,还要显示该三角性是等边三角形、等腰三角形、直角三角形或任意三角形,并计算该三角形面积。仅在函数 main() 的"{}"内填入编写的程序语句。

(3) 算法指导。

① 判断构成三角形的条件是任意两边之和大于第三边。

② 当所给边长能构成三角形后,还要继续判断它是等边三角形、等腰三角形、直角三角形还是任意三角形。

(4) 源程序代码:文件名 sy3-5.c。

```
#include<stdio.h>        /* sy3-5.c */
main()
{

}
```

(5) 实验步骤。

第 1 步:启动 Visual C++ 2010。

第 2 步:创建新项目,名称为 sy3-5。

第 3 步:添加源程序,文件名为 sy3-5.c。

第 4 步:编辑源程序 sy3-5.c。

第 5 步:调试、运行程序,记录实验过程和结果。

第 6 步:撰写实验报告。

(6) 实验结果:如图 2-15 所示。

图 2-15　实验 3-5 的运行结果

(7) 掌握知识点:条件表达式的表示方法。

实验 4　循环结构程序设计

1. 实验目的

(1) 熟练使用 for、while 和 do…while 语句实现循环程序设计。

(2) 理解循环条件和循环体以及 3 种循环语句的异同。

(3) 掌握 break 和 continue 语句的使用。

2. 实验内容

【实验 4-1】

(1) 实验类型:启发型实验——程序验证。

(2) 实验题目:编制程序,其功能计算 $s=1+1/2+1/4+1/7+1/11+1/16+1/22+$

$1/29+\cdots$,当累加项的值小于 10^{-4} 时结束。

(3) 算法指导：关键是找规律，设各项序号 n 从 0 开始。

① 则从第 1 项开始，其分母 t 为本项序号 n 与前一项分母之和 $t=t+n$。

② 累加和 $s=s+1/t$。

③ 用 for 循环结构和 while 循环结构均可实现。

(4) 源程序代码：文件名 sy4-1.c。

```
#include<stdio.h>            /* sy4-1.c */
main()
{   int n;
    float s,t=1,x;
    x=1/t;
    for(n=1,s=0;x>=1e-4;n++)
    {  s=s+x;
       t=t+n;
       x=1/t;
    }
     printf("Sum=%.2f\n",s);
}
```

(5) 实验步骤。

第 1 步：启动 Visual C++ 2010，创建新项目 sy4-1。

第 2 步：添加源程序，文件名 sy4-1.c。

第 3 步：编辑源程序 sy4-1.c。

第 4 步：调试、运行程序，记录实验过程和结果。

第 5 步：撰写实验报告。

(6) 实验结果：如图 2-16 所示。

图 2-16　实验 4-1 的运行结果

(7) 掌握知识点：for 循环语句的使用。

【实验 4-2】

(1) 实验类型：引导型实验——程序修改。

(2) 实验题目：编制程序，其功能是用辗转相除法求自然数 m 和 n 的最大公约数和最小公倍数。改正程序中的错误，使其能输出正确结果，若 $m=4, n=6$，则最大公约数为 12，最小公倍数为 2。

注意：错误点在注释行的下一行，不得增加行或删除行，也不得更改程序的结构。

(3) 算法指导：辗转相除法求最大公约数的算法思路如下。

① 对 m,n 判断,使得 $m>n$。

② 将 m 除以 n,得余数 r。

③ 若 $r=0$,则 n 为最大公约数,算法结束；否则,执行④。

④ 令 $m \leftarrow n$(将 n 的值付给 m),$n \leftarrow r$(将 r 的值付给 n),回到②。

⑤ 最小公倍数等于自然数 m 和 n 的乘积再除以最大公约数的商。

(4) 源程序代码：文件名 sy4-2.c。

```
#include<stdio.h>                /* sy4-2.c */
main()
{   int m,n,r,m1,n1;
    scanf("%d%d",&m,&n);
    if(m>n)        { m1=m; n1=n; }
    else           { m1=n; n1=m; }
    r=m1%n1;
/**********found**********/
    while(r=0)
    {   m1=n1;   n1=r;
/**********found**********/
        r=m%n;
    }
    printf("The greatest common divisor:%d\n",n1);
    printf("The lowest common multiple:%d\n",m*n/n1);
}
```

(5) 实验步骤。

第 1 步：启动 Visual C++ 2010,创建新项目 sy4-2。

第 2 步：添加源程序,文件名 sy4-2.c。

第 3 步：编辑源程序 sy4-2.c。

第 4 步：调试、运行程序,记录实验过程和结果。

第 5 步：撰写实验报告。

(6) 实验结果：如图 2-17 所示。

图 2-17　实验 4-2 的运行结果

(7) 掌握知识点：while 循环语句的使用。

【实验 4-3】

(1) 实验类型：扩展型实验——程序填空。

(2) 实验题目：编制程序,将一个正整数 n 分解成质因子的乘积。例如,$132=2*2$

*3*11。在程序的下画线处填入正确的内容,并把下画线删除,调试并运行程序,输出正确的结果。

注意:不得增加行或删除行,也不得更改程序的结构。

(3) 算法指导。

① 从 2 开始,查找质因子 f,即 n 能被 f 整除。

② 若找到第 1 个质因子,则按"$n=f$"的形式输出,然后继续查看整除后的商能否继续被 f 整除,若能整除,将相同的质因子保留下来,并按" * f"的形式输出,如此循环直到不能整除时退出。

③ 通过 $f+1$ 查找下一个质因子,若该质因子不大于当前的 n,则继续执行②;否则,程序运行结束。

(4) 源程序代码:文件名 sy4-3.c。

```
#include<stdio.h>           /* sy4-3.c */
main()
{ int n,f,flag;
   scanf("%d",&n);
    【1】
   flag=1;
   do
   {  while( 【2】 )
      {  if (flag)   printf("%d=%d",n,f);
         else       printf(" * %d",f);
         n=n/f;
         flag=0;
      }
      f++;
   }while(f<=n);
   printf("\n");
}
```

(5) 实验步骤。

第 1 步:启动 Visual C++ 2010,创建新项目 sy4-3。

第 2 步:添加源程序,文件名 sy4-3.c。

第 3 步:编辑源程序 sy4-3.c。

第 4 步:调试、运行程序,记录实验过程和结果。

第 5 步:撰写实验报告。

(6) 实验结果:如图 2-18 所示。

图 2-18 实验 4-3 的运行结果

(7) 掌握知识点：do…while 循环语句的使用。

【实验 4-4】

(1) 实验类型：设计型实验——程序设计。

(2) 实验题目：编制程序，解决百元买百鸡问题。设公鸡每只 5 元，母鸡每只 3 元，小鸡 3 只 1 元；用 100 元买 100 只鸡，要求每种鸡至少买 1 只，问公鸡、母鸡、小鸡各买多少只？仅在函数 main() 的"{}"内填入编写的程序语句，运行结果如下：

$$\begin{bmatrix} \text{cock} & \text{hen} & \text{chick} \\ 4 & 18 & 78 \\ 8 & 11 & 81 \\ 12 & 4 & 84 \end{bmatrix}$$

(3) 算法指导：此题多解，可用"枚举法"来解此问题。所谓枚举，就是一一列举各种可能，判断出满足条件的结果的那些可能。枚举法的基本步骤有两个。

① 确定枚举范围：设公鸡数 x 只，母鸡数 y 只，小鸡数 z 只。考虑到每一种鸡至少买 1 只，则有 $1 \leqslant x \leqslant 18, 1 \leqslant y \leqslant 31, 1 \leqslant z \leqslant 98$。

② 确定测试条件：根据 x、y、z 的不同组合，测试每组 x、y、z 是否同时满足 $5x+3y+z/3=100, x+y+z=100$ 和 z 能被 3 整除这 3 个条件，并输出所有符合条件的组合。

③ 可用 for 语句的三重循环、二重循环和单循环实现。

(4) 源程序代码（三重循环）：文件名 sy4-4.c。

```
#include<stdio.h>         /* sy4-4.c */
main()
{


}
```

(5) 实验步骤。

第 1 步：启动 Visual C++ 2010，创建新项目 sy4-4。

第 2 步：添加源程序，文件名 sy4-4.c。

第 3 步：编辑源程序 sy4-4.c。

第 4 步：调试、运行程序，记录实验过程和结果。

第 5 步：撰写实验报告。

(6) 实验结果：如图 2-19 所示。

图 2-19　实验 4-4 的运行结果

(7) 掌握知识点：for 循环结构的嵌套应用。

【实验 4-5】

(1) 实验类型：设计型实验——程序设计。

(2) 实验题目：编制程序，打印出所有"水仙花数"。所谓"水仙花数"是指一个三位数，其各位数字的立方和正好等于该数本身。例如，153 是一个"水仙花数"，因为 $153 = 1^3 + 5^3 + 3^3$。仅在函数 main()的"{}"内填入编写的程序语句。

(3) 算法指导：这个问题也要用枚举法。将所有的三位数一一列举出来，然后判断是否符合水仙花数的条件。有两种方法。

① 用单重循环，将循环变量 m 的值从 100 变化到 999，先取出每个三位数的个位 i、十位 j 和百位 k：$k=m/100, j=(m-100k)/10, i=m\%10$；然后判断 $i^3+j^3+k^3$ 是否等于 m。

② 用三重循环，将个位数 i 从 0 变化到 9，十位数 j 从 0 变化到 9，百位数 k 从 1 变化到 9，则 $m=100k+10j+i$，然后判断 $i^3+j^3+k^3$ 是否等于 m。

(4) 源程序代码(三重循环)：文件名 sy4-5.c。

```
#include<stdio.h>        /* sy4-5.c */
main()
{

}
```

(5) 实验步骤。

第 1 步：启动 Visual C++ 2010，创建新项目 sy4-5。

第 2 步：添加源程序，文件名 sy4-5.c。

第 3 步：编辑源程序 sy4-5.c。

第 4 步：调试、运行程序，记录实验过程和结果。

第 5 步：撰写实验报告。

(6) 实验结果：如图 2-20 所示。

图 2-20　实验 4-5 的运行结果

(7) 掌握知识点：for 循环嵌套结构的应用。

实验 5　一维数组

1. 实验目的

(1) 熟练掌握一维数组的定义和引用方法。

（2）熟练掌握一维数组的初始化方法。
（3）熟练掌握一维数组元素的输入和输出方法。
（4）理解一维数组的存储结构。

2．实验内容

【实验 5-1】

（1）实验类型：启发型实验——程序验证。
（2）实验题目：编制程序，其功能是利用两个一维数组分别输入某学生 10 门课程的学分和对应成绩，计算其平均绩点。学生的平均绩点是衡量学生学习的重要依据。成绩等级与绩点的关系如表 2-1 所示。

表 2-1　成绩等级与绩点的关系

等级	100～90	89～80	79～70	69～60	60 以下
绩点	4	3	2	1	0

$$平均绩点 = \frac{\sum 所学各课程学分 \times 绩点}{\sum 所学各课程的学分}$$

（3）算法指导：本题公式较复杂，实际是一个求数组元素累加和的问题。
（4）源程序代码：文件名 sy5-1.c。

```c
#include<stdio.h>            /* sy5-1.c */
main()
{   float score[10],sumscore=0,sumxf=0,aver;
    int i,jd,xf[10];
    for(i=0; i<10; i++)    scanf("%f%d",&score[i],&xf[i]);
    for(i=0; i<10; i++)
    {   sumxf=sumxf+xf[i];
        if(score[i]>=90)          jd=4;
        else if(score[i]>=80)     jd=3;
        else if(score[i]>=70)     jd=2;
        else if(score[i]>=60)     jd=1;
        else                      jd=0;
        sumscore=sumscore+xf[i] * jd;
    }
    aver=sumscore/sumxf;
    printf("%.2f\n",aver);
}
```

（5）实验步骤。
第 1 步：启动 Visual C++ 2010，创建新项目 sy5-1。
第 2 步：添加源程序，文件名 sy5-1.c。

第 3 步：编辑源程序 sy5-1.c。

第 4 步：调试、运行程序，记录实验过程和结果。

第 5 步：撰写实验报告。

（6）实验结果：如图 2-21 所示。

图 2-21 实验 5-1 的运行结果

（7）掌握知识点：一维数组的定义和输入。

【实验 5-2】

（1）实验类型：引导型实验——程序修改。

（2）实验题目：编制程序，随机产生 10 个 1～50 的正整数存入数组 a 中，输出该数组各个元素，并求最大值、最小值和平均值。

注意：错误点在注释行的下一行，不得增加行或删除行，也不得更改程序的结构。

（3）算法指导。

① 用随机函数 rand()％N 产生 1～N 的随机数，rand()定义在 stdlib.h 中。

② 定义数组 a，用 $a[0]$ 作为最大值、最小值及累加和的初始值。

③ 用枚举法使数组的下标和循环相结合，可求出数组的最大值、最小值和平均值。

（4）源程序代码：文件名 sy5-2.c。

```
#include<stdio.h>                    /* sy5-2.c */
#include<stdlib.h>
#include<time.h>
main()
{   int a[10],i,max,min;
    float aver;
    srand((unsigned)time(NULL));
    for(i=0;i<10;i++)    a[i]=rand()%50+1;
/**********found**********/
      max=min=aver=a[i];
    for(i=0;i<10;i++)
    { if(max<a[i])     max=a[i];
      if(min>a[i])     min=a[i];
/**********found**********/
```

```
        aver=aver+a[0];
        printf("%d  ",a[i]);
    }
    aver=aver/10;
    printf("\nMax=%d  Min=%d  Average=%.2f\n",max,min,aver);
}
```

(5) 实验步骤。

第1步：启动 Visual C++ 2010，创建新项目 sy5-2。

第2步：添加源程序，文件名 sy5-2.c。

第3步：编辑源程序 sy5-2.c。

第4步：调试、运行程序，记录实验过程和结果。

第5步：撰写实验报告。

(6) 实验结果：如图 2-22 所示。

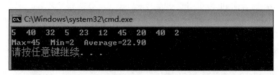

图 2-22　实验 5-2 的运行结果

(7) 掌握知识点：用 for 循环控制一维数组的下标。

【实验 5-3】

(1) 实验类型：扩展型实验——程序填空。

(2) 实验题目：编制程序，其功能是有一组已经按递减顺序排列的数组 a，其中的数据为 19、17、15、13、11、9、7、5、3、1。将从键盘输入的数 k 插入到该数组中，使插入后的数组仍然有序。在程序的下画线处填入正确的内容，并把下画线删除，调试并运行程序，输出正确的结果。

注意：不得增加行或删除行，也不得更改程序的结构。

(3) 算法指导：一维数组是一种线性表结构，由于数组元素存储的连续性，使得在数组中插入数据的主要操作是移动数组元素，以便腾出位置存放被插入的元素。算法思路如下。

① 输入要插入的数 k。

② 根据数组降序排列的特点，可以从数组末尾开始检查，凡是比 k 小的元素 $a[i]$ 均向后移动一个位置，如果 $a[0]$ 仍小于 k，则将 k 插在 $a[0]$ 位置上。

③ 当遇到第一个大于 k 的元素 $a[i]$ 时，则将 k 插在其后的位置上。

(4) 源程序代码：文件名 sy5-3.c。

```
#include<stdio.h>                /* sy5-3.c */
main()
{   int a[11]={19,17,15,13,11,9,7,5,3,1},k,i;
```

```
        printf("input a number:");    scanf("%d",&k);
        for(i=9; i>=0; i--)
        {   if(k>=a[i])
            {   【1】
                if(i==0)   a[i]=k;
            }
            else
            {   【2】    break;}
        }
        for(i=0; i<11; i++)   printf("%d  ",a[i]);
        printf("\n");
}
```

(5) 实验步骤。

第 1 步：启动 Visual C++ 2010，创建新项目 sy5-3。

第 2 步：添加源程序，文件名 sy5-3.c。

第 3 步：编辑源程序 sy5-3.c。

第 4 步：调试、运行程序，记录实验过程和结果。

第 5 步：撰写实验报告。

(6) 实验结果：如图 2-23 所示。

图 2-23　实验 5-3 的运行结果

(7) 掌握知识点：一维数组应用。

【实验 5-4】

(1) 实验类型：设计型实验——程序设计。

(2) 实验题目：编制程序，其功能是首先产生 N 个 1～20 的随机数，存放到数组 a 中，并显示该数组；然后将该数组中相同的元素只保留一个，并输出经过删除后的数组。仅在函数 main() 的"{}"内填入编写的程序语句。

(3) 算法指导：删除数组元素的主要操作就是先找到要删除的元素，然后将其后所有元素依次向前移动一个位置，并将数组元素个数减 1。算法步骤如下。

① 产生满足要求的数组 a。

② 每次取出当前数组的一个元素 $a[i]$，依次检查 $a[i]$ 的每个后续元素 $a[j]$ 中是否有与之相同的元素，若有相同元素，则将 $a[j]$ 后续所有元素顺序向前移动一个位置从而删除 $a[j]$，并将数组元素个数减 1；为使后续 $a[j]$ 中仍与 $a[i]$ 相同的元素也能被删除，需要继续向后查找，直到数组末尾。

③ 将当前数组的下一个元素作为新的 $a[i]$，重复步骤②；当检查到数组倒数第二个

元素时,算法终止。

(4) 源程序代码:文件名 sy5-4.c。

```
#include<stdio.h>          /* sy5-4.c */
#defined N 20
main()
{

}
```

(5) 实验步骤。

第 1 步:启动 Visual C++ 2010,创建新项目 sy5-4。

第 2 步:添加源程序,文件名 sy5-4.c。

第 3 步:编辑源程序 sy5-4.c。

第 4 步:调试、运行程序,记录实验过程和结果。

第 5 步:撰写实验报告。

(6) 实验结果:如图 2-24 所示。

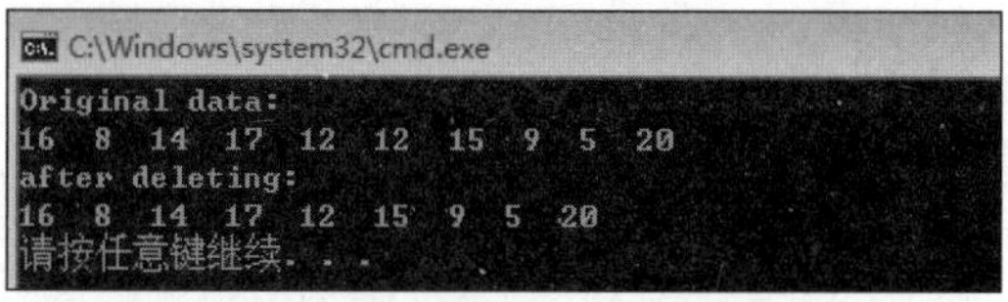

图 2-24　实验 5-4 的运行结果

(7) 掌握知识点:使用一维数组处理线性表。

【实验 5-5】

(1) 实验类型:设计型实验——程序设计。

(2) 实验题目:编制程序,其功能是从键盘输入 10 个整数,要求用插入排序方法将它们按从小到大的顺序排序。仅在函数 main()的"{}"内填入编写的程序语句。

(3) 算法指导:数据排序的方法除了教材上介绍的选择排序和冒泡排序方法之外,还有很多种,其中插入排序是一种直接排序的方法。它的基本思想是先将第一个元素放入数组,然后将其余各个元素与已插入的元素比较,并把它们插入到数组合适的位置,最终使数组有序,算法分析如下。

① 先将第一个元素放在数组的第一个位置。

② 取下一个元素分别与已插入数组的各个元素进行比较,决定它应该插入的位置,并将其后的各个元素依次后移,在空出的位置插入该元素。

(4) 源程序代码:文件名 sy5-5.c。

```
#include<stdio.h>          /* sy5-5.c */
#define N 10
main()
```

{

}

(5) 实验步骤。

第 1 步：启动 Visual C++ 2010，创建新项目 sy5-5。

第 2 步：添加源程序，文件名 sy5-5.c。

第 3 步：编辑源程序 sy5-5.c。

第 4 步：调试、运行程序，记录实验过程和结果。

第 5 步：撰写实验报告。

(6) 实验结果：如图 2-25 所示。

图 2-25　实验 5-5 的运行结果

(7) 掌握知识点：使用一维数组处理线性表。

实验 6　二维数组

1. 实验目的

(1) 熟练掌握二维数组的定义和引用方法。

(2) 熟练掌握二维数组的初始化方法。

(3) 熟练掌握二维数组元素的输入和输出方法。

(4) 理解二维数组的存储结构。

2. 实验内容

【实验 6-1】

(1) 实验类型：启发型实验——程序验证。

(2) 实验题目：编制程序，其功能是输入两个正整数 m、n（m，n 均不大于 6），然后输入 m 行 n 列二维数组 a 中各元素，分别求各行元素之和并输出。例如，输入 $m=3$、$n=3$；按行输入 9 个元素为 1、2、3、4、5、6、7、8、9，则各行元素之和分别为 6、15、24。编辑并调试程序，记录运行结果。

(3) 算法指导：本题算法较简单，是一个求数组元素累加和的问题。

(4) 源程序代码：文件名 sy6-1.c。

```
#include<stdio.h>        /* sy6-1.c */
main()
```

```c
{   int a[6][6],i,j,m,n,sum;
    printf("input m,n:");   scanf("%d%d",&m,&n);
    printf("input array:");
    for(i=0; i<m; i++)
        for(j=0; j<n; j++)   scanf("%d",&a[i][j]);
    for(i=0; i<m; i++)
    {   sum=0;
        for(j=0; j<n; j++)   sum=sum+a[i][j];
        printf("sum of row %d : %d\n",i+1,sum);
    }
}
```

（5）实验步骤。

第1步：启动 Visual C++ 2010，创建新项目 sy6-1。

第2步：添加源程序，文件名 sy6-1.c。

第3步：编辑源程序 sy6-1.c。

第4步：调试、运行程序，记录实验过程和结果。

第5步：撰写实验报告。

（6）实验结果：如图 2-26 所示。

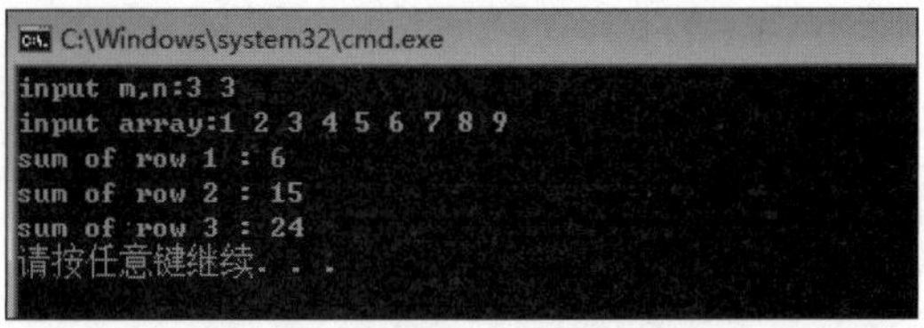

图 2-26　实验 6-1 的运行结果

（7）掌握知识点：二维数组的定义、输入和输出。

【实验 6-2】

（1）实验类型：引导型实验——程序修改题。

（2）实验题目：已知下列矩阵 A，编制程序找出该矩阵的马鞍点，即该元素既是所在行的最大值，又是所在列的最小值。编辑并调试程序，记录运行结果。

$$A = \begin{bmatrix} 1 & 3 & 2 & 4 & 5 \\ 6 & 2 & 0 & 4 & 6 \\ 5 & 7 & 2 & 5 & 7 \\ 2 & 1 & 7 & 3 & 8 \end{bmatrix}$$

注意：错误点在注释行的下一行，不得增加行或删除行，也不得更改程序的结构。

（3）算法指导。

① 找出每一行的最大值，并记录该最大值所在的列号。

② 将该行的最大值与所在列的所有元素进行比较，若它是最小值，则为马鞍点。

(4) 源程序代码：文件名 sy6-2.c。

```c
#include<stdio.h>                /* sy6-2.c */
main()
{   int a[4][5],i,j,k,max;
    printf("input matrix A:\n");
        for(i=0;i<4;i++)
        for(j=0;j<5;j++)
/**********found**********/
            scanf("%d",a[i][j]);
    for(i=0;i<4;i++)
/**********found**********/
        {   k=i;
        max=a[i][0];
        for(j=1;j<5;j++)
            if(max<a[i][j])    { max=a[i][j]; k=j; }
        for(j=0;j<4;j++)
            if(max>a[j][k])    break;
        if(j>=4)   printf("a[%d,%d] is a saddle point\n",i,k);
}
```

(5) 实验步骤。

第 1 步：启动 Visual C++ 2010，创建新项目 sy6-2。

第 2 步：添加源程序，文件名 sy6-2.c。

第 3 步：编辑源程序 sy6-2.c。

第 4 步：调试、运行程序，记录实验过程和结果。

第 5 步：撰写实验报告。

(6) 实验结果：如图 2-27 所示。

图 2-27　实验 6-2 的运行结果

(7) 掌握知识点：二维数组与 for 循环结合进行输入输出。

【实验 6-3】

(1) 实验类型：扩展型实验——程序填空。

(2) 实验题目：编制程序，随机产生 20 个不重复的大写字母 A～Z(包括 A 和 Z)，存放在字符型数组中。在程序的下画线处填入正确的内容，并把下画线删除，调试并运行程序，输出正确的结果。

注意：不得增加行或删除行，也不得更改程序的结构。

（3）算法指导。

① 随机产生大写字母的方法：ch＝65＋rand()％26。

② 要产生不重复的字母，每产生一个字母，就在数组中查找已产生的字母中有没有和该字母相同的字母。若找到，则丢弃刚产生的字母；否则，将刚产生的字母存放到数组中。

（4）源程序代码：文件名 sy6-3.c。

```
#include<stdio.h>            /* sy6-3.c */
#include<stdlib.h>
#include<time.h>
main()
{   char ch,s[21];
    int n=0,i;
    srand((unsigned)time(NULL));
    ch=65+rand()%26;
    s[n]=ch;
    while(n<20)
    {   ch=65+rand()%26;
        for(i=0;i<=n;i++)
        {    if( 【1】 )    break;    }
             if(i>n)    { n++;   s[n]=ch; }
    }
       【2】
    puts(s);
}
```

（5）实验步骤。

第 1 步：启动 Visual C++ 2010，创建新项目 sy6-3。

第 2 步：添加源程序，文件名 sy6-3.c。

第 3 步：编辑源程序 sy6-3.c。

第 4 步：调试、运行程序，记录实验过程和结果。

第 5 步：撰写实验报告。

（6）实验结果：如图 2-28 所示。

图 2-28　实验 6-3 的运行结果

（7）掌握知识点：字符数组的输入、输出及特点。

【实验 6-4】

(1) 实验类型：设计型实验——程序设计。

(2) 实验题目：已知 A 是一个 M 行 N 列的二维数组，编制程序，其功能是求出二维数组周边元素之和。例如二维数组 A，则周边元素之和为 61。仅在函数 main()的"{ }"内填入编写的程序语句。

$$A = \begin{bmatrix} 1 & 3 & 5 & 7 & 9 \\ 2 & 9 & 9 & 9 & 4 \\ 6 & 9 & 9 & 9 & 8 \\ 1 & 3 & 5 & 7 & 0 \end{bmatrix}$$

(3) 算法指导：找出周边元素所在行号和列号，分别进行累加。

(4) 源程序代码：文件名 sy6-4.c。

```
#include<stdio.h>        /* sy6-4.c */
main()
{

}
```

(5) 实验步骤。

第 1 步：启动 Visual C++ 2010，创建新项目 sy6-4。

第 2 步：添加源程序，文件名 sy6-4.c。

第 3 步：编辑源程序 sy6-4.c。

第 4 步：调试、运行程序，记录实验过程和结果。

第 5 步：撰写实验报告。

(6) 实验结果：如图 2-29 所示。

图 2-29　实验 6-4 的运行结果

(7) 掌握知识点：二维数组的应用。

【实验 6-5】

(1) 实验类型：设计型实验——程序设计。

(2) 实验题目：编制程序，从给定字符串数组 ss[M][N]={"shanghai","guangzhou","beijing","tianjing","chongqing"}中，找出长度最长的字符串和所在的行下标。仅在函数 main()函数的"{ }"内填入程序语句。

(3) 算法指导。

① 设置一个一维字符数组 st 存放最长的字符串。

② 字符串两两比较,每次比较后都把最长的存放在 st 中并记录字符串所在行号。

(4) 源程序代码:文件名 sy6-5.c。

```c
#include<stdio.h>          /* sy6-5.c */
#include<string.h>
#define M 5
#define N 20
main()
{


}
```

(5) 实验步骤。

第 1 步:启动 Visual C++ 2010,创建新项目 sy6-5。

第 2 步:添加源程序,文件名 sy6-5.c。

第 3 步:编辑源程序 sy6-5.c。

第 4 步:调试、运行程序,记录实验过程和结果。

第 5 步:撰写实验报告。

(6) 实验结果:如图 2-30 所示。

图 2-30　实验 6-5 的运行结果

(7) 掌握知识点:二维字符数组的应用。

实验 7　指针的应用

1. 实验目的

(1) 理解指针、地址的概念。

(2) 掌握用指针访问变量、访问一维数组和二维数组的方法。

(3) 掌握用指针处理字符串的方法。

(4) 熟练掌握运算符 *、& 及[ ]含义及使用方法。

2. 实验内容

【实验 7-1】

(1) 实验类型:启发型实验——程序验证。

（2）实验题目：编制程序，在 10 个元素的数组中找出与平均值最接近的元素，并输出该元素的值（要求用数组指针访问一维数组）。设输入 10 个数据为 1.0、1.1、1.2、1.3、1.4、1.5、1.6、1.7、1.8、1.9，则输出 1.5。编辑并调试程序，记录运行结果。

（3）算法指导：本题要解决两个问题。

① 计算 10 个元素的平均值。

② 找出与平均值最接近的数组元素。可将第一个元素与平均值的差为基准，然后依次计算其余各元素与平均值的差，并与基准进行比较（注意要按绝对值进行比较），从而找出最小值，它所对应的元素就是与平均值最接近的元素。

（4）源程序代码：文件名 sy7-1.c。

```c
#include<stdio.h>          /* sy7-1.c */
#include<math.h>
main()
{   int i,k;
    float a[10],aver=0,b,d, * p=a;
    for(i=0;i<10;i++)   scanf("%f",p+i);
    for(i=0;i<10;i++)   aver+=p[i];
    aver/=10;
    k=0;
    d=fabs(p[0]-aver);
    for(i=1;i<10;i++)
    {    b=fabs(p[i]-aver);
        if(b<d)    { d=b; k=i; }
    }
    printf("Average value: %f\n", aver);
    printf("near value: %f,   %f\n", d, p[k]);
}
```

（5）实验步骤。

第 1 步：启动 Visual C++ 2010，创建新项目 sy7-1。

第 2 步：添加源程序，文件名 sy7-1.c。

第 3 步：编辑源程序 sy7-1.c。

第 4 步：调试、运行程序，记录实验过程和结果。

第 5 步：撰写实验报告。

（6）实验结果：如图 2-31 所示。

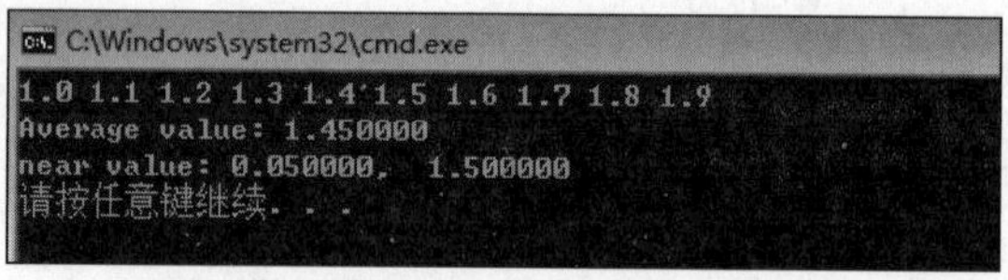

图 2-31　实验 7-1 的运行结果

(7) 掌握知识点:指针的定义,用指针访问一维数组。

【实验 7-2】

(1) 实验类型:引导型实验——程序修改。

(2) 实验题目:编写程序,利用指向一维数组的指针,将一个含有 $M(M\leqslant 10)$ 个整数的一维数组中小于平均值的所有元素顺序删除掉。例如,原数组为 3、5、7、4、1,各元素的平均值为 4,则删除后的数组应为 5、7、4。编辑并调试程序,记录运行结果。

注意:错误点在注释行的下一行,不得增加行或删除行,也不得更改程序的结构。

(3) 算法指导。

① 求出各元素的平均值。

② 设置两个下标 i 和 j,i 用于查看数组中的每一个元素,j 用于保留大于或等于平均值的元素,另设变量 k 从 0 开始计数,记录新数组中元素的个数。

③ 用 for 循环取出数组每个元素,与平均值比较,如果某个下标为 i 的元素大于或等于平均值,则将它保留在以 j 为下标的元素中,并将 $k+1$,然后将 $j+1$;如果某个元素要删除,则 $i+1$,但 j 保持不变。

(4) 源程序代码:文件名 sy7-2.c。

```
#include<stdio.h>             /* sy7-2.c */
#define M 10
main()
{ int a[M],*p=a,aver=0;
  int i,j,k,n;
  printf("input n:");   scanf("%d",&n);
  printf("input %d nums:",n);
  for(i=0;i<n;i++)
/**********found**********/
      scanf("%d",&(p+i));
  for(i=0;i<n;i++)   aver=aver+p[i];
  aver=aver/n;
  k=0;
  for(i=0,j=0;i<n;i++)
      if(p[i]>=aver)
/**********found**********/
      { p[j]=p[i];
        k++;
      }
  for(i=0;i<k;i++)   printf("%d ",p[i]);
  printf("\n");
}
```

(5) 实验步骤。

第 1 步:启动 Visual C++ 2010,创建新项目 sy7-2。

第2步:添加源程序,文件名 sy7-2.c。

第3步:编辑源程序 sy7-2.c。

第4步:调试、运行程序,记录实验过程和结果。

第5步:撰写实验报告。

(6) 实验结果:如图 2-32 所示。

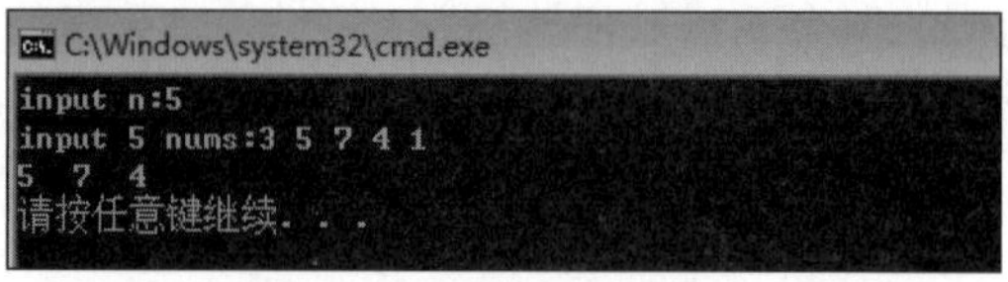

图 2-32 实验 7-2 的运行结果

(7) 掌握知识点:用指针访问一维数组。

【实验 7-3】

(1) 实验类型:扩展型实验——程序填空。

(2) 实验题目:编制程序,利用行指针,找出二维数组 $a[M][N]$ 每一行中的最大值,然后从中找出最小值。给定数组如下,则最小值为 4。在程序的下画线处填入正确的内容,并把下画线删除,调试并运行程序,输出正确的结果。

$$a[M][N] = \begin{bmatrix} 1 & 3 & 2 & 4 & 5 \\ 6 & 2 & 0 & 4 & 6 \\ 5 & 7 & 2 & 5 & 7 \\ 2 & 1 & 7 & 3 & 8 \\ 1 & 2 & 3 & 4 & 3 \end{bmatrix}$$

注意:不得增加行或删除行,也不得更改程序的结构。

(3) 算法指导。

① 先定义数组 $a[M][N]$、$s[M]$ 及指向数组 a 的行指针 $(*p)[N]$,将每一行的最大值存放在数组 s 中,然后在数组 s 中找出最小值。

② 为了求出数组 a 第 i 行的最大值 $s[i]$,先令 $s[i]=a[i][0]$,然后将 $s[i]$ 依次与 $a[i][1],a[i][2],\cdots,a[i][N-1]$ 比较,凡是比 $s[i]$ 大的 $a[i][j]$ 就赋给 $s[i]$,经 $N-1$ 轮比较后,$s[i]$ 中存放的就是该行的最大值。

③ 根据题目要求用行指针操作,数组元素 $a[i][j]$ 的地址可用 $p[i]+j$、$*(p+i)+j$ 或 $\&p[i][j]$ 表示,数组元素 $a[i][j]$ 的值可用 $p[i][j]$、$*(p[i]+j)$ 或 $*(*(p+i)+j)$ 表示。

(4) 源程序代码:文件名 sy7-3.c。

```
#include<stdio.h>              /* sy7-3.c */
#define M 5
#define N 5
main()
```

```
{   int s[M],i,j,min;
    int a[M][N],(*p)[N]=a;
    for(i=0;i<M;i++)
        for(j=0;j<N;j++)   scanf("%d", 【1】 );
    for(i=0;i<M;i++)
        { 【2】
          for(j=1;j<N;j++)
              if(s[i]<p[i][j])   s[i]=p[i][j];
        }
    min=s[0];
    for(i=1;i<M;i++)
        if(min>s[i]) min=s[i];
    printf("Min=%d\n",min);
}
```

（5）实验步骤。

第 1 步：启动 Visual C++ 2010，创建新项目 sy7-3。

第 2 步：添加源程序，文件名 sy7-3.c。

第 3 步：编辑源程序 sy7-3.c。

第 4 步：调试、运行程序，记录实验过程和结果。

第 5 步：撰写实验报告。

（6）实验结果：如图 2-33 所示。

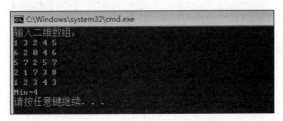

图 2-33　实验 7-3 的运行结果

（7）掌握知识点：用行指针访问二维数组。

【实验 7-4】

（1）实验类型：设计型实验——程序设计。

（2）实验题目：编制程序，其功能是计算一个整型 M 行 N 列二维数组的周边元素之和（要求使用指针数组访问二维数组）。例如，给定二维数组中 A，则周边元素之和为 61。仅在函数 main() 的"{}"内填入程序语句。

$$A = \begin{bmatrix} 1 & 3 & 5 & 7 & 9 \\ 2 & 9 & 9 & 9 & 4 \\ 6 & 9 & 9 & 9 & 8 \\ 1 & 3 & 5 & 7 & 0 \end{bmatrix}$$

(3) 算法指导。

① 定义指针数组且初始化 int * p[M]={a[0],a[1],a[2],a[3]}。

② 找出周边元素所在行号和列号，分别进行累加。

(4) 源程序代码：文件名 sy7-4.c。

```
#include<stdio.h>          /* sy7-4.c */
main()
{

}
```

(5) 实验步骤。

第 1 步：启动 Visual C++ 2010，创建新项目 sy7-4。

第 2 步：添加源程序，文件名 sy7-4.c。

第 3 步：编辑源程序 sy7-4.c。

第 4 步：调试、运行程序，记录实验过程和结果。

第 5 步：撰写实验报告。

(6) 实验结果：如图 2-34 所示。

图 2-34　实验 7-4 的运行结果

(7) 掌握知识点：用指针数组访问二维数组。

【实验 7-5】

(1) 实验类型：设计型实验——程序设计。

(2) 实验题目：编制程序，其功能是使用字符型指针从键盘输入一个任意字符串，从该字符串第 n 个字符开始，取长度为 m 的字符子串放到另一个字符数组中。若起始位置 n 已到字符串末尾，则显示某种提示信息；若所剩子串长度已不足给定长度 m，则仅取到字符串末尾。假如，输入字符串为"ABCDEFGH"，$m=3$，$n=5$，则输出"CDEFG"。仅在函数 main() 的"{ }"内填入程序的语句。

(3) 算法指导。

① 用指针移动的方法，将指针定位到字符串第 n 个字符上。

② 通过两个指针分别在两个字符串中同步移动，将后续 m 个字符存入到另一个数组中。

(4) 源程序代码：文件名 sy7-5.c。

```
#include<stdio.h>          /* sy7-5.c */
#include<string.h>
main()
{

}
```

(5) 实验步骤。

第 1 步：启动 Visual C++ 2010，创建新项目 sy7-5。

第 2 步：添加源程序，文件名 sy7-5.c。

第 3 步：编辑源程序 sy7-5.c。

第 4 步：调试、运行程序，记录实验过程和结果。

第 5 步：撰写实验报告。

(6) 实验结果：如图 2-35 所示。

图 2-35　实验 7-5 的运行结果

(7) 掌握知识点：用指针处理字符串。

实验 8　函数的应用

1. 实验目的

(1) 掌握函数的定义及函数的调用方法。

(2) 掌握 return 语句的使用方法。

(3) 掌握函数间参数传递的方法。

(4) 掌握递归程序设计的方法。

(5) 学会使用模块化程序设计方法解决比较复杂的问题。

2. 实验内容

【实验 8-1】

(1) 实验类型：启发型实验——程序验证。

(2) 实验题目：编制程序，其功能是从键盘输入一组数据，用二分法查找指定的数 key 是否在这一组数中。要求从主函数 main() 输入原始数据和待查数 key。其中，函数 sort(int a[],int n) 完成对数组的排序。函数 search(int *p,int n,int key) 用来进行二分查找。编辑并调试程序,记录程序运行结果。

(3) 算法指导:二分法用于有序数据的查询,算法思路如下。

① 首先用 sort(int a[],int n)函数对输入数据排序。

② 输入待查数据 key。

③ 将整个数组作为搜索区间,取该区间中点,看其是不是待查数 key,若是,则查找结束;否则,检查待查数是在搜索区间的上半部分还是下半部分,从而将搜索空间压缩一半,继续采用二分查找的方法。当搜索区间的上界和下界已经重合时,仍未找到待查数,可断定待查数不在原始数据中。

(4) 源程序代码:文件名 sy8-1.c。

```
#include<stdio.h>          /* sy8-1.c */
#define N 10
search(int *p, int n, int key)
{ int low,high,mid,i;
  low=0; high=n-1;
  mid=(low+high)/2;
  while(low<high && key!=p[mid])
  {  if(key<p[mid])   high=mid-1;
     else       low=mid+1;
     mid=(low+high)/2;
  }
  if(key==p[mid])  return 1;
  else  return 0;
}
void sort(int a[],int n)          /*冒泡排序*/
{  int i,j,k,t;
   for(i=0;i<n-1;i++)
      for(j=0;j<n-i-1;j++)
         if(a[j]>a[j+1])   {t=a[j]; a[j]=a[j+1];a[j+1]=t; }
}
main()
{ int a[N],i,k,x;
  printf("input 10 numbers: ");
  for(i=0;i<N;i++)   scanf("%d",&a[i]);
  printf("input a number to be found:");
  scanf("%d",&x);
  sort(a,N);
  k=search(a,N,x);
  if(k)   printf("has been found\n");
  else   printf("hasn't been found\n");
}
```

(5) 实验步骤。

第 1 步:启动 Visual C++ 2010,创建新项目 sy8-1。

第 2 步:添加源程序,文件名 sy8-1.c。

第 3 步:编辑源程序 sy8-1.c。

第 4 步:调试、运行程序,记录实验过程和结果。

第 5 步:撰写实验报告。

(6) 实验结果:如图 2-36 所示。

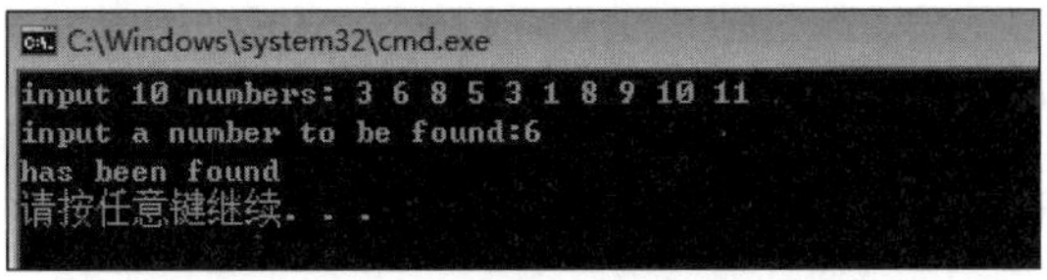

```
C:\Windows\system32\cmd.exe
input 10 numbers: 3 6 8 5 3 1 8 9 10 11
input a number to be found:6
has been found
请按任意键继续. . .
```

图 2-36 实验 8-1 的运行结果

(7) 掌握知识点:函数的定义和调用、函数参数传递方法。

【实验 8-2】

(1) 实验类型:引导型实验——程序修改。

(2) 实验题目:编制程序,其中函数 fun(int (*p)[N],int m,int n,int *row,int *column)的功能是查找二维数组的最大值 max,并用 return 语句返回,用参数回传最大值元素的行下标和列下标,并输出最大值及所在的行号和列号。假如输入数组 3 行 4 列 12 个元素 1、2、3、4、5、6、7、8、9、10、11、12,则输出 max=12,ROW=2,COLUM=3。编辑并调试程序,记录运行结果。

注意:错误点在注释行的下一行,不得增加行或删除行,也不得更改程序的结构。

(3) 算法指导。

① 题目要求函数传回 3 个值,即二维数组的最大值及其行下标和列下标,通过返回值的方式只能返回一个值,其他两个值就要通过参数返回。

② 3 个值全部通过参数返回也是可以的,请自行修改。

(4) 源程序代码:文件名 sy8-2.c。

```c
#include<stdio.h>                  /* sy8-2.c */
#define M 10
#define N 10
main()
{   int m,n,i,j,r,c,max,a[M][N];
    printf("Enter the row and column:");
    scanf("%d%d",&m,&n);
    printf("Enter the element's value:\n");
    for(i=0;i<m;i++)
        for(j=0;j<n;j++)     scanf("%d",&a[i][j]);
    for(i=0;i<m;i++)
      { for(j=0;j<n;j++)   printf("%4d",a[i][j]);
        printf("\n");
```

```
        }
/**********found**********/
    max=fun(a,m,n,r,c);
    printf("MAX=%d  ROW=%d   COLUMN=%d\n",max,r,c);
}
int fun(int (*p)[N], int m, int n, int *row, int *column)
{   int i,j,max;
    max=p[0][0];
/**********found**********/
    row=0; column=0;
    for(i=0; i<m; i++)
        for(j=0; j<n; j++)
            if(max<p[i][j]) { max=p[i][j];    *row=i;   *column=j; }
    return max;
}
```

（5）实验步骤。

第 1 步：启动 Visual C++ 2010，创建新项目 sy8-2。

第 2 步：添加源程序，文件名 sy8-2.c。

第 3 步：编辑源程序 sy8-2.c。

第 4 步：调试、运行程序，记录实验过程和结果。

第 5 步：撰写实验报告。

（6）实验结果：如图 2-37 所示。

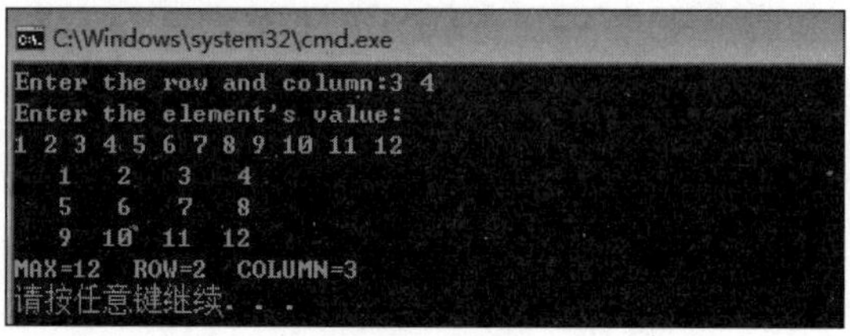

图 2-37 实验 8-2 的运行结果

（7）掌握知识点：函数的定义和调用，return 语句的使用。

【实验 8-3】

（1）实验类型：扩展型实验——程序填空。

（2）实验题目：编制程序，用递归方法求：

$$C_m^n = \frac{m!}{n!(m-n)!}$$

其中，函数 long fun(int n)的功能是求 n!。如 $m=6, n=4$，则 $C_m^n=15$。在程序的下画线处填入正确的内容，并把下画线删除，调试并运行程序，输出正确的结果。

注意：不得增加行或删除行，也不得更改程序的结构。

（3）算法指导：求 n!递归方法。

① 结束条件：当 $n=0$ 或 $n=1$ 时，$0!=1!=1$。
② 规律：$n!=n\times(n-1)!$。

(4) 源程序代码：文件名 sy8-3.c。

```
#include<stdio.h>              /* sy8-3.c */
long fun(int n)
{  if(n==0 || n==1)   return 1;
   else       【1】    ;
}
main()
{  int m,n,cmn;
   printf("input m and n: ");
   scanf("%d%d",&m,&n);
   cmn=  【2】  ;
   printf("m=%d,n=%d : cmn=%d\n",m,n,cmn);
}
```

(5) 实验步骤。

第1步：启动 Visual C++ 2010，创建新项目 sy8-3。

第2步：添加源程序，文件名 sy8-3.c。

第3步：编辑源程序 sy8-3.c。

第4步：调试、运行程序，记录实验过程和结果。

第5步：撰写实验报告。

(6) 实验结果：如图 2-38 所示。

图 2-38　实验 8-3 的运行结果

(7) 掌握知识点：递归程序设计方法和步骤。

【实验 8-4】

(1) 实验类型：设计型实验——程序设计题。

(2) 实验题目：编制递归程序，计算 $S_n=1+2+3+\cdots+n$。假如输入 $n=10$，则输出 55。仅在函数 fun(int n) 的"{ }"内填入编写程序语句。

(3) 算法指导。

① 所给累加和问题的递归数学模型为 S_n。

$$S_n=\begin{cases}0, & n=0\\ 1, & n=1\\ S_{n-1}+n, & n>1\end{cases}$$

② 递归函数 int fun(int n)的形式参数为 n,接收主函数指定的累加和的上界值,其返回值即为累加和。

(4) 源程序代码:文件名 sy8-4.c。

```
#include<stdio.h>          /* sy8-4.c */
int fun(int n)
{

}
main()
{   int n;
    scanf("%d",&n);
    printf("%d\n",fun(n));
}
```

(5) 实验步骤。

第 1 步:启动 Visual C++ 2010,创建新项目 sy8-4。

第 2 步:添加源程序,文件名 sy8-4.c。

第 3 步:编辑源程序 sy8-4.c。

第 4 步:调试、运行程序,记录实验过程和结果。

第 5 步:撰写实验报告。

(6) 实验结果:如图 2-39 所示。

图 2-39 实验 8-4 的运行结果

(7) 掌握知识点:递归程序设计方法。

【实验 8-5】

(1) 实验类型:设计型实验——程序设计。

(2) 实验题目:编写函数 fun(),其功能是将 n 个学生的考试成绩进行分段统计,考试成绩放到 a 数组中,各分数段的人数存到 b 数组中,成绩为 60~69 的人数存到 b[0]中,成绩为 70~79 的人数存到 b[1],成绩为 80~89 的人数存到 b[2],成绩为 90~99 的人数存到 b[3],成绩为 100 的人数存到 b[4],成绩为 60 分以下的人数存到 b[5]中。例如,当 a 数组中的数据是 93、85、77、68、59、43、94、75、98。调用该函数后,b 数组中存放的数据应是 1、2、1、3、0、2。勿改动主函数 main()和其他函数中的任何内容,仅在函数 fun()的"{}"内填入编写的若干语句。

(3) 算法指导。

① 用数组 b 存放各分数段的人数。

② 用 for 循环读取数组 a 中的数据，用选择结构对数据分别分段统计。

(4) 源程序代码：文件名 sy8-5.c。

```c
#include<stdio.h>          /* sy8-5.c */
void fun(int a[], int b[], int n)
{

}
main()
{   int i, a[100]={ 93,85,77,68,59,43,94,75,98}, b[6];
    fun(a, b, 9);
    printf("The result is: ");
    for(i=0; i<6; i++)   printf("%d ", b[i]);
    printf("\n");
}
```

(5) 实验步骤。

第 1 步：启动 Visual C++ 2010，创建新项目 sy8-5。

第 2 步：添加源程序，文件名 sy8-5.c。

第 3 步：编辑源程序 sy8-5.c。

第 4 步：调试、运行程序，记录实验过程和结果。

第 5 步：撰写实验报告。

(6) 实验结果：如图 2-40 所示。

图 2-40　实验 8-5 的运行结果

(7) 掌握知识点：函数定义和调用。

实验 9　复合数据类型

1. 实验目的

(1) 掌握结构类型和结构变量、结构指针和结构数组的定义方法。

(2) 掌握结构成员的引用方法和结构数组的使用。

(3) 掌握使用结构变量作为函数参数实现函数调用。

(4) 学会使用结构来构造单向链表。

2. 实验内容

【实验 9-1】

(1) 实验类型：启发型实验——程序验证。

(2) 实验题目：编制程序，其功能是用结构数组建立含有 5 个人的通讯录，包括姓名、地址和电话号码。要求输入 5 个人的记录后，从键盘输入的姓名，屏幕显示该姓名及对应的电话号码和地址。编辑并调试程序，记录程序运行结果。

(3) 算法指导。

① 根据题目要求定义结构类型，包含 3 个字符型数组成员，用来存放姓名、地址和电话号码。由此再定义 5 个元素的结构数组，输入 5 条记录。

② 然后根据键盘输入的姓名，在结构数组中查找满足条件的元素，若找到，输出该数组元素的各个成员，否则输出"未找到"的信息。

(4) 源程序代码：文件名 sy9-1.c。

```
#include<stdio.h>          /* sy9-1.c */
#include<string.h>
main()
{ struct tx
    {   char name[10];
        char address[30];
        char phone[10];
    } cy[5];
  int i,k=-1;
  char xm[20];
  for(i=0;i<5;i++)
  {  printf("Enter %d#name,address and phone:",i+1);
     scanf("%s%s%s",cy[i].name,cy[i].address,cy[i].phone);
  }
  printf("Enter name to be found:");
  scanf("%s",xm);
  for(i=0;i<5;i++)
     if(strcmp(xm,cy[i].name)==0)    k=i;
  if(k!=-1)
     printf("%s, %s, %s\n",cy[k].name,cy[k].address,cy[k].phone);
  else
     printf("Not found.\n");
}
```

(5) 实验步骤。

第 1 步：启动 Visual C++ 2010，创建新项目 sy9-1。

第 2 步：添加源程序，文件名 sy9-1.c。

第 3 步：编辑源程序 sy9-1.c。

第 4 步:调试、运行程序,记录实验过程和结果。
第 5 步:撰写实验报告。
(6) 实验结果:如图 2-41 所示。

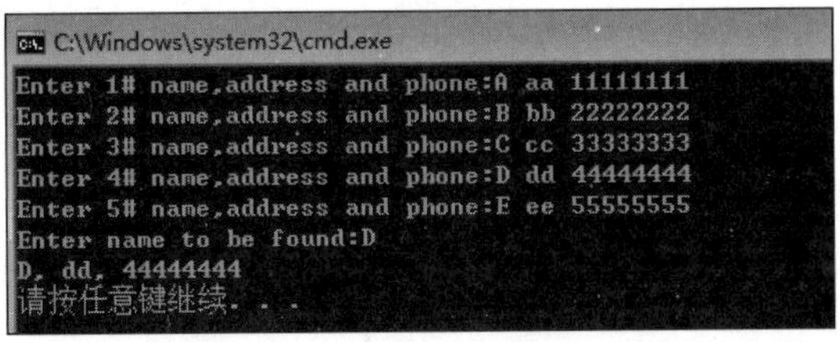

图 2-41 实验 9-1 的运行结果

(7) 掌握知识点:结构变量及结构数组的应用。

【实验 9-2】

(1) 实验类型:引导型实验——程序修改。
(2) 实验题目:编写程序,要求利用结构数组输入 3 个人的姓名和年龄,并输出 3 个人中最年长者的姓名和年龄。例如,分别输入 3 个人的姓名和成绩 aa 18、bb 19 、cc 30 这 3 条记录,则输出 cc 30。编辑并调试程序,记录运行结果。

注意:错误点在注释行的下一行,不得增加行或删除行,也不得更改程序的结构。
(3) 算法指导。
① 建立结构数组,包括输入每个数组元素各成员的值。注意在 scanf()中,若结构成员是变量时,地址运算符应放在结构数组元素的前面,而不是放在成员变量的前面。
② 查找最年长者,实际上是确定年龄成员的最大值,并将序号(即下标)记录下来。
(4) 源程序代码:文件名 sy9-2.c。

```
#include<stdio.h>               /* sy9-2.c */
main()
{ struct stu
    { char name[10];
      int age;
    } s[3];
  int k,m,max;
  for(k=0;k<3;k++)
  { printf("input %d#Name and age:",k+1);
/******************found******************/
    scanf("%s%d",s.name,s.age);
  }
  max=s[0].age; m=0;
  for(k=1;k<3;k++)
    if(max<s[k].age) { max=s[k].age; m=k; }
  printf("Max. name and age is:");
```

```
/****************found****************/
    printf("%s    %d\n",s.name,s.age);
}
```

(5) 实验步骤。

第 1 步：启动 Visual C++ 2010，创建新项目 sy9-2。

第 2 步：添加源程序，文件名 sy9-2.c。

第 3 步：编辑源程序 sy9-2.c。

第 4 步：调试、运行程序，记录实验过程和结果。

第 5 步：撰写实验报告。

(6) 实验结果：如图 2-42 所示。

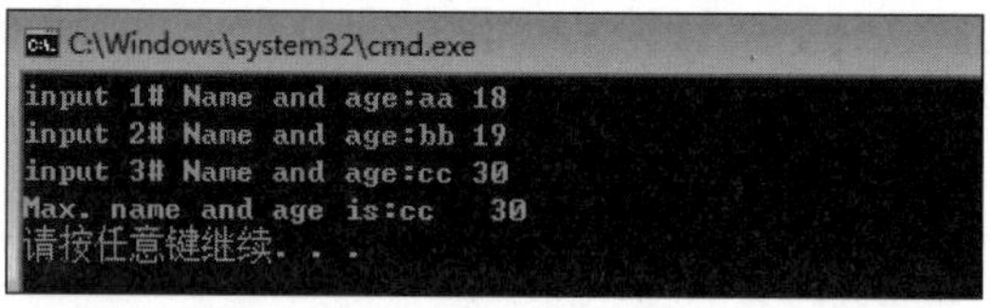

图 2-42　实验 9-2 的运行结果

(7) 掌握知识点：结构数组应用及结构成员的访问。

【实验 9-3】

(1) 实验类型：扩展型实验——程序填空。

(2) 实验题目：编制程序，用结构数组存放一个数据库，含 N 个人的考试成绩，包括姓名、数学、计算机、英语、体育和总分，其中总分由程序自动计算。主程序能输出排序后的数组。sort() 函数完成按总分从高到低排序。在程序的下画线处填入正确的内容，并把下画线删除，调试并运行程序，输出正确的结果。

注意：不得增加行或删除行，也不得更改程序的结构。

(3) 算法指导。

① 在 main() 函数中定义结构数组，输入各成员数据，进而计算出每个人的总分，调用 sort() 函数对结构数组排序，最后在主程序中输出排序后的结果。

② 由于存在函数调用，且结构数组要在函数间传递，因此最好先定义一个外部结构类型，以保证各函数中的结构类型一致。

③ 当结构数组在函数间传递时，实参为结构数组名或结构指针，形参可以是结构指针或结构数组名。

(4) 源程序代码：文件名 sy9-3.c。

```
#include<stdio.h>              /* sy9-3.c */
#define N 5
struct stu
{   char name[10];
    int score[4];
```

```
    int total;
};
void sort(struct stu * p, int n)
{   int i,j,k;
    struct stu temp;
    for(i=0;i<n-1;i++)
    { k=i;
     for(j=i+1;j<n;j++)   if(p[k].total<p[j].total)     k=j;
        if(k!=i)  { temp=p[k];   p[k]=p[i];   p[i]=temp; }
    }
}
main()
{   struct stu s[10];
   int i,j;
   for(i=0;i<N;i++)
   { printf("Enter %d# name and 4 scores:",i+1);
      scanf("%s%d%d%d%d",s[i].name,
         &s[i].score[0],&s[i].score[1], &s[i].score[2], &s[i].score[3]);
      s[i].total=0;
      for(j=0;j<4;j++)    s[i].total+=  【1】  ;
   }
    【2】 ;
   for(i=0;i<N;i++)
      printf("%s: %d, %d, %d, %d, %d\n",s[i].name,
        s[i].score[0],s[i].score[1],s[i].score[2], s[i].score[3],s[i].total);
}
```

(5) 实验步骤。

第 1 步：启动 Visual C++ 2010，创建新项目 sy9-3。

第 2 步：添加源程序，文件名 sy9-3.c。

第 3 步：编辑源程序 sy9-3.c。

第 4 步：调试、运行程序，记录实验过程和结果。

第 5 步：撰写实验报告。

(6) 实验结果：如图 2-43 所示。

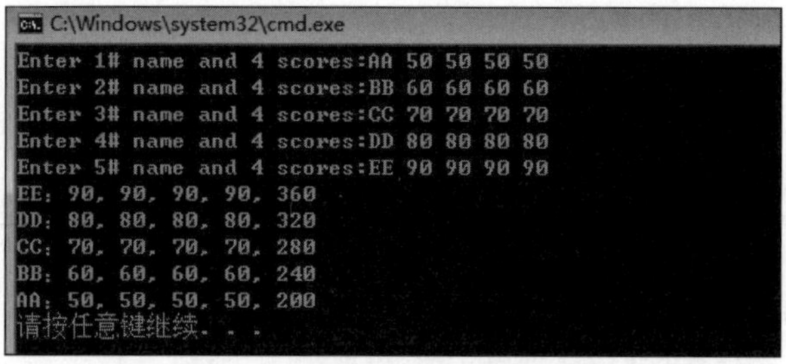

图 2-43　实验 9-3 的运行结果

(7) 掌握知识点：结构数组和结构指针进行传递参数。

【实验 9-4】

(1) 实验类型：设计型实验——程序设计。

(2) 实验题目：编写函数 fun()，其功能是接收主程序传送过来的结构数组(包括 3 个学生的学号、数学和外语成绩)，计算每个人的总分，然后再计算这 3 个学生的各门课的平均分及总平均分，保存在同类型的结构变量中(学号成员值为 00)，并返回主程序。仅在函数 fun()的"{}"内填入程序语句。

(3) 算法指导。

① 本题既要求在函数间传递结构数组，还要求将结构变量作为函数的返回值。

② 当将结构变量作为函数返回值时，应将函数定义成结构类型。

(4) 源程序代码：文件名 sy9-4.c。

```
#include<stdio.h>          /* sy9-4.c */
struct stu
{   int n;
    float math,english,total;
};
struct stu fun(struct stu *p,int n)
{


}
main()
{   struct stu s[3],s1;
    int k;
    for(k=0;k<3;k++)
    {   printf("input No.%d math  and english: ",k+1);
        scanf("%d%f%f",&s[k].n,&s[k].math,&s[k].english);
    }
    s1=fun(s,3);
    printf("snum\tmath\tenglish\ttotal\n");
    for(k=0;k<3;k++)
        printf("%d\t%.1f\t%.1f\t%.1f\n",s[k].n,s[k].math,s[k].english,s[k].total);
}
```

(5) 实验步骤。

第 1 步：启动 Visual C++ 2010，创建新项目 sy9-4。

第 2 步：添加源程序，文件名 sy9-4.c。

第 3 步：编辑源程序 sy9-4.c。

第 4 步：调试、运行程序，记录实验过程和结果。

第 5 步：撰写实验报告。

(6) 实验结果：如图 2-44 所示。

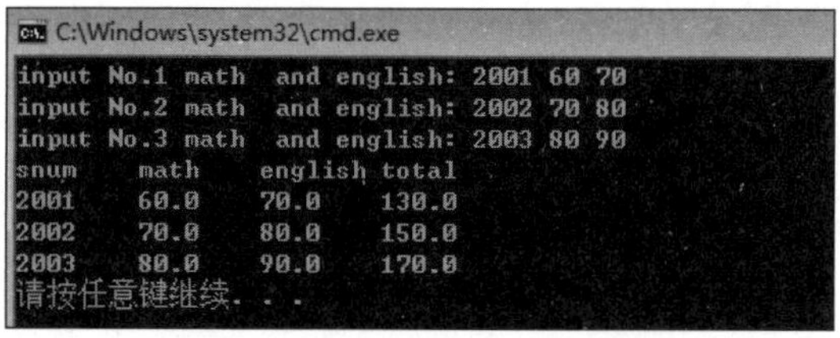

图 2-44　实验 9-4 的运行结果

(7) 掌握知识点：return 语句返回结构类型数据。

【实验 9-5】

(1) 实验类型：设计型实验——程序设计。

(2) 实验题目：编写函数 creatlist()，其功能是建立一个单向链表，将键盘输入的整数 1、2、3、4、5、6、7、8、9、10 依次存入该链表各个节点的数据域中，当输入整数 0 时，结束建立链表的操作。然后依次输出链表中的数据，直到链表末尾。输出链表函数 printlist() 给出。仅在函数 creatlist() 的"{}"内填入程序语句。

(3) 算法指导。

① 用一个结构指针型函数 creatlist() 建立链表，以便将该链表的头指针返回调用函数。在函数 creatlist() 中先申请头节点的存储空间，用指针 h 存放该空间的首地址；然后不断申请下一个节点的存储空间，其 data 域存放键盘输入的整数，直到输入 0 为止。每次新申请的节点为 p，当前的尾节点为 q，申请到 p 后，将键盘输入的整数存入 $p->$data 中，并将 p 的首地址存入 $q->$next 中，从而把 p 节点链接到表上，再用 p 申请下一个节点，如图 2-45 所示。

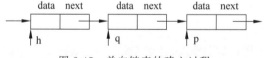

图 2-45　单向链表的建立过程

② printlist() 用来输出链表，其形式参数是一个结构指针，用于接收链表的首地址。从头节点开始，不断取下一个节点，并输出该节点数据域中的数据，直到尾节点。

③ 主函数 main() 调用创建链表子函数 creatlist()，并接收该函数返回的链表起始地址，然后调用 printlist() 输出链表。

(4) 源程序代码：文件名 sy9-5.c。

```
#include<stdio.h>        /* sy9-5.c */
#include<stdlib.h>
struct node
{   int data;
    struct node * next;
```

```
};
struct node * creatlist()
{

}
void printlist(struct node * h)
{   struct node * p;
    p=h->next;
    while(p!=NULL)
    {   printf("->%d",p->data);
        p=p->next;
    }
    printf("\n");
    return;
}
main()
{ struct node * head;
  head=creatlist();
  printlist(head);
}
```

(5) 实验步骤。

第 1 步：启动 Visual C++ 2010，创建新项目 sy9-5。

第 2 步：添加源程序，文件名 sy9-5.c。

第 3 步：编辑源程序 sy9-5.c。

第 4 步：调试、运行程序，记录实验过程和结果。

第 5 步：撰写实验报告。

(6) 实验结果：如图 2-46 所示。

图 2-46　实验 9-5 的运行结果

(7) 掌握知识点：使用结构指针处理链表。

实验 10　文件操作

1. 实验目的

(1) 理解文件和文件指针的概念。

(2) 掌握一般文件的打开和关闭方法。

(3) 掌握常用文件的读写基本操作。

(4) 掌握文件的定位操作方法。

2. 实验内容

【实验 10-1】

(1) 实验类型：启发型实验——程序验证。

(2) 实验题目：编制程序，其功能是将下面包含 26 个字母的最短的英文句子：The quick brown fox jumps over a lazy dog.写入文本文件 abc.txt 中，然后从文件中读出并显示出来。编辑并调试程序，记录程序运行结果。

(3) 算法指导。

① 先写后读的文件用"w+"方式打开。

② 用 putc()和 getc()将字符串以字符为单位写入或读出。

③ 为了以后能正确读出文件，应在文件结束时写入一个 EOF（其值为'\xFF'或 0xFF）。

(4) 源程序代码：文件名 sy10-1.c。

```c
#include<stdio.h>              /* sy10-1.c */
#include<string.h>
main()
{ char a,str[80]="The quick brown fox jumps over a lazy dog.";
  FILE *fp;
  int i=0;
  if((fp=fopen("e:\\abc.txt","w+"))==NULL)
  { printf("Cannot open the file!\n"); exit(0); }
  while(str[i])  { putc(str[i],fp); i++; }
  putc(0xFF,fp);
  rewind(fp);
  a=getc(fp);
  while(a!=EOF) { putchar(a); a=getc(fp); }
  putchar('\n');
  fclose(fp);
}
```

(5) 实验步骤。

第 1 步：启动 Visual C++ 2010，创建新项目 sy10-1。

第 2 步：添加源程序，文件名 sy10-1.c。

第 3 步：编辑源程序 sy10-1.c。

第 4 步：调试、运行程序，记录实验过程和结果。

第 5 步：撰写实验报告。

(6) 实验结果：如图 2-47 所示。

(7) 掌握知识点：fopen()/fclose()函数的使用。

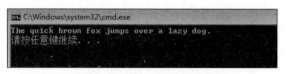

图 2-47 实验 10-1 的运行结果

【实验 10-2】

(1) 实验类型：引导型实验——程序修改。

(2) 实验题目：编写程序，其功能是先建立两个文本文件，f1.txt 中写入字符 A、B、C 和 EOF，f2.txt 中写入字符 X、Y 和 Z，然后将 f1.txt 的内容追加到 f2.txt 的末尾；最后将文本文件 f2.txt 的内容读出并显示在屏幕上。编辑并调试程序，记录运行结果。

注意：错误点在注释行的下一行，不得增加行或删除行，也不得更改程序的结构。

(3) 算法指导。

① 文件 f1.txt 要先写后读，应使用"w+"方式打开，并在文件末尾写入 EOF，以便再读；f2.txt 在创建时用"w"方式打开，此后追加时，再用"a"方式打开。

② 在循环中用 scanf("％c",&c1) 读入单个字符时，作为键盘输入结束的 Enter 键（或空格）将被下一个 scanf() 接收，因此应在格式控制字符串中加入"％*c"，即写成 scanf("％c％*c",&c1) 来抑制 Enter 键被接收。

③ 查看 f1.txt 和 f2.txt 的内容，可以用记事本直接打开这两个文件。

(4) 源程序代码：文件名 sy10-2.c。

```
#include<stdio.h>                /* sy10-2.c */
main()
{ char c1,c2;
  int i;
  FILE * fp1, * fp2;
/***************found*************** */
  if((fp1=fopen("E:\\f1.txt","w"))==NULL)
      { printf("Can't open f1.txt.\n"); exit(0); }
  if((fp2=fopen("E:\\f2.txt","w"))==NULL)
      { printf("Can't open f2.txt.\n"); exit(0); }
  for(i=0;i<3;i++)
      { scanf("%c%*c",&c1);   putc(c1,fp1);}
  for(i=0;i<3;i++)
      { scanf("%c%*c",&c2);   putc(c2,fp2); }
  fputc(0xff,fp1);
  fclose(fp2);
  rewind(fp1);
  if((fp2=fopen("E:\\f2.txt","a"))==NULL)
      { printf("Can't open f2.txt.\n"); exit(0); }
  while((c1=getc(fp1))!=EOF)
```

```
/**************found*************** */
        { putc(c1,fp1); }
    fputc(0xff,fp2);
    fclose(fp2);
    fclose(fp1);
    printf("f2.txt file output : \n");
    fp2=fopen("E:\\f2.txt","r");
    while((c1=getc(fp2))!=EOF)   { printf("%c ",c1); }
    printf("\n");
    fclose(fp2);
}
```

(5) 实验步骤。

第 1 步：启动 Visual C++ 2010，创建新项目 sy10-2。

第 2 步：添加源程序，文件名 sy10-2.c。

第 3 步：编辑源程序 sy10-2.c。

第 4 步：调试、运行程序，记录实验过程和结果。

第 5 步：撰写实验报告。

(6) 实验结果：如图 2-48 所示。

图 2-48　实验 10-2 的运行结果

(7) 掌握知识点：fgetc()/fputc() 函数的使用。

【实验 10-3】

(1) 实验类型：扩展型实验——程序填空。

(2) 实验题目：编制程序，先将下列字符串写入文本文件 wb.txt 中，要求每个字符串占 11B；然后读取该文件的各个字符串，并在屏幕上显示出来 London、Paris、Bon、Tokyo、Detroit、Moscow、Jerusalim、Bomgey、Beijing、Washington。在程序的下画线处填入正确的内容，并把下画线删除，调试并运行程序，输出正确的结果。

注意：不得增加行或删除行，也不得更改程序的结构。

(3) 算法指导。

① 在用 fputs() 向文件写入一个字符串时，字符串末尾的空字符'\0'不会写入文件。例如：

```
fputs("London",fp);
fputs("Paris",fp);
```

写入文件的一串字符为 LondonParis，再读出时，已无法分辨出这两个字符串。解决

的办法是在写入一个字符串后,再写入一个换行符'\n'。例如:

```
fputs("London",fp);
fputs("\n",fp);
fputs("Paris",fp);
fputs("\n",fp);
```

这样,在用 fgets()函数读入时,只要将指定的字符个数 n 设定大一些,就能在 $n-1$ 个字符之前遇到换行符而使读入终止。

② fgets()函数从文件读入一串字符后,会自动在末尾增加一个空字符'\0',形成字符串。例如,可以用下面的方法读入前面的两个字符串:

```
char s[2][11];
fgets(s[0],11,fp);
fgets(s[1],11,fp);
```

这时,s[0]中的字符串为"London\n\0",s[1]中的字符串为"Paris\n\0"。

(4) 源程序代码:文件名 sy10-3.c。

```
#include<stdio.h>            /* sy10-3.c */
main()
{ FILE * fp;
  char st[][11]={"London","Paris","Bon","Tokyo","Detroit","Moscow",
                 "Jerusalim","Bomgey","Beijing","Washington"};
  char s[10][11];
  int i;
  if((fp=fopen("wb.txt","w+"))==NULL)
        { printf("Cannot open the file!\n"); exit(0); }
  for(i=0;i<10;i++)
  {   【1】  ;
    fputs("\n",fp);
  }
  rewind(fp);
  printf("results:\n");
  for(i=0;i<10;i++)
  {   【2】  ;
    printf("%s",s[i]);
  }
  printf("\n");
  fclose(fp);
}
```

(5) 实验步骤。

第 1 步:启动 Visual C++ 2010,创建新项目 sy10-3。

第 2 步:添加源程序,文件名 sy10-3.c。

第 3 步:编辑源程序 sy10-3.c。

第 4 步：调试、运行程序，记录实验过程和结果。

第 5 步：撰写实验报告。

（6）实验结果：如图 2-49 所示。

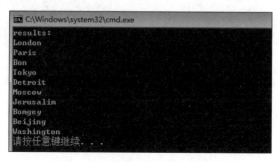

图 2-49　实验 10-3 的运行结果

（7）掌握知识点：fgets()和 fputs()函数的使用。

【实验 10-4】

（1）实验类型：设计型实验——程序设计。

（2）实验题目：编写程序，其功能是将键盘输入的 5 行文字，以行为单位（每行不超过 80 个字符）写入文本文件 text.txt，然后从文件中读出，并显示在屏幕上。在函数 mani()的"{}"内填入程序语句。

（3）算法指导。

① 考虑到每行文字中可能包含空格，因此不能用 printf()以"%s"为格式控制来输入字符串，而应用 gets()来输入字符串。

② 写入文件时，应使用 fputs()函数，读取文件时，应使用 fgets()函数。

（4）源程序代码：文件名 sy10-4.c。

```
#include<stdio.h>        /* sy10-4.c */
main()
{

}
```

（5）实验步骤。

第 1 步：启动 Visual C++ 2010，创建新项目 sy10-4。

第 2 步：添加源程序，文件名 sy10-4.c。

第 3 步：编辑源程序 sy10-4.c。

第 4 步：调试、运行程序，记录实验过程和结果。

第 5 步：撰写实验报告。

（6）实验结果：如图 2-50 所示。

（7）掌握知识点：fgets()和 fputs()函数的使用。

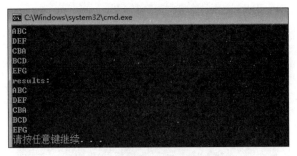

图 2-50　实验 10-4 的运行结果

【实验 10-5】

(1) 实验类型：设计型实验——程序设计。

(2) 实验题目：编写程序，其功能是产生 100 个 0～100 的随机整数，并保存在名为 in.txt 的文本文件中，然后编制一个程序从 in.txt 中读出这 100 个整数，计算其最大值、最小值并显示出来，同时将它们保存在文件 out.txt 中。仅在函数 main() 的"{ }"内填入程序语句。

(3) 算法指导。

① 定义两个整型数组 $a[100]$、$b[100]$，其中 a 数组存放 100 个 0～100 的随机整数，b 数组存放从文件 in.txt 读出的 100 个整数。

② 用循环结构和 fprintf() 函数将 a 数组的 100 个整数写入文件 in.txt 中。

③ 用循环结构和 fscanf() 函数从文件 in.txt 中读出 100 个整数，存放在 b 数组中，并求出最大值 max 和最小值 min。

④ 将 max、min 值写入文件 out.txt 中。

(4) 源程序代码：文件名 sy10-5.c。

```
#include<stdio.h>         /* sy10-5.c */
main()
{


}
```

(5) 实验步骤。

第 1 步：启动 Visual C++ 2010，创建新项目 sy10-5。

第 2 步：添加源程序，文件名 sy10-5.c。

第 3 步：编辑源程序 sy10-5.c。

第 4 步：调试、运行程序，记录实验过程和结果。

第 5 步：撰写实验报告。

(6) 实验结果：如图 2-51 所示。

(7) 掌握知识点：fscanf() 和 fprintf() 函数的使用。

图 2-51　实验 10-5 的运行结果

实验 11　综合实验

1. 实验目的

在已经熟练掌握上述各单元编程知识的基础上,进一步学习如何设计复杂问题的算法,使用 C 语言编写程序,以提高分析问题、解决问题的综合程序设计能力。

2. 实验内容

【实验 11-1】

(1) 实验类型:引导型实验——程序修改。

(2) 实验题目:编写函数 fun(),其功能是实现两个整数的交换。例如,给 a 和 b 分别输入 20 和 30,则输出为 $a=30$ 和 $b=20$。改正程序中的错误,错误点在注释行的下一行,不得增加行或删除行,也不得更改程序的结构。编辑并调试程序,记录运行结果。

(3) 源程序代码:文件名 sy11-1.c。

```
#include<stdio.h>                /* sy11-1.c */
#include<conio.h>
/**************FOUND**************/
void fun (int a, b)
{ int t;
/**************FOUND**************/
  t=b;b=a;a=t;
}
main()
{ int a, b;
  printf("Enter a, b:  ");
  scanf("%d%d", &a, &b);
  fun(&a,&b);
  printf("a=%d b=%d\n",a,b);
}
```

(4) 实验步骤。

第 1 步:启动 Visual C++ 2010,创建新项目 sy11-1。

第 2 步:添加源程序,文件名 sy11-1.c。

第 3 步:编辑源程序 sy11-1.c。

第4步：调试、运行程序，记录实验过程和结果。

第5步：撰写实验报告。

（5）实验结果：如图 2-52 所示。

图 2-52　实验 11-1 的运行结果

（6）掌握知识点：函数参数传递方式：传值和传址。

【实验 11-2】

（1）实验类型：引导型实验——程序修改。

（2）实验题目：编写函数 fun()，其功能是将 p 所指字符串中的所有字符复制到 b 数组中，要求每复制 3 个字符之后插入一个空格。例如，在调用 fun()函数之前给数组 a 输入字符串 ABCDEFGHIJK，调用函数之后，字符数组 b 中的内容则为 ABC DEF GHI JK。编辑并调试程序，记录运行结果。

注意：错误点在注释行的下一行，不得增加行或删除行，也不得更改程序的结构。

（3）源程序代码：文件名 sy11-2.c。

```
#include<stdio.h>               /* sy11-2.c */
void fun(char *p, char *b)
{ int i, k=0;
    while(*p)
{ i=1;
/**********found**********/
      while(i<=3 || *p) {
         b[k]=*p;
         k++; p++; i++; }
      if(*p) {
/**********found**********/
         b[k++]=""; }
    }b[k]='\0';}
main()
{ char a[80],b[80];
    printf("Enter a string:      ");  gets(a);
    fun(a,b);
    printf("string after insert space: ");
    puts(b);
}
```

（4）实验步骤。

第 1 步：启动 Visual C++ 2010，创建新项目 sy11-2。
第 2 步：添加源程序，文件名 sy11-2.c。
第 3 步：编辑源程序 sy11-2.c。
第 4 步：调试、运行程序，记录实验过程和结果。
第 5 步：撰写实验报告。

(5) 实验结果：如图 2-53 所示。

图 2-53　实验 11-2 的运行结果

(6) 掌握知识点：字符常量和字符串常量的表示。

【实验 11-3】

(1) 实验类型：扩展型实验——程序填空。

(2) 实验题目：甲、乙、丙、丁 4 人同时开始放鞭炮，甲每隔 t_1 秒放一次，乙每隔 t_2 秒放一次，丙每隔 t_3 秒放一次，丁每隔 t_4 秒放一次，每人各放 n 次。函数 fun() 的功能是根据形参提供的值，求出总共听到多少次鞭炮声作为函数值返回。

当几个鞭炮同时炸响，只算一次响声，第一次响声是在第 0 秒。例如，若 $t_1=8, t_2=5, t_3=6, t_4=4, n=10$，则总共可听到 26 次鞭炮声。在程序的下画线处填入正确的内容，并把下画线删除，调试并运行程序，输出正确的结果。

注意：不得增加行或删除行，也不得更改程序的结构。

(3) 源程序代码：文件名 sy11-3.c。

```
#include<stdio.h>              /* sy11-3.c */
#define OK(i, t, n) ((i%t==0) && (i/t<n))
int fun(int t1, int t2, int t3, int t4, int n)
{   int count, t, maxt=t1;
    if(maxt<t2) maxt=t2;
    if(maxt<t3) maxt=t3;
    if(maxt<t4) maxt=t4;
     【1】   ;
    for(t=1; t<=maxt*(n-1);  【2】  )
    {   if(OK(t, t1, n) || OK(t, t2, n) || OK(t, t3, n) || OK(t, t4, n))
        count++;
    }
/**********found**********/
    return count;
}
main()
```

```
{   int t1=8, t2=5, t3=6, t4=4, n=10, r;
    r=fun(t1, t2, t3, t4, n);
    printf("The sound : %d\n", r);
}
```

(4) 实验步骤。

第 1 步：启动 Visual C++ 2010，创建新项目 sy11-3。

第 2 步：添加源程序，文件名 sy11-3.c。

第 3 步：编辑源程序 sy11-3.c。

第 4 步：调试、运行程序，记录实验过程和结果。

第 5 步：撰写实验报告。

(5) 实验结果：如图 2-54 所示。

图 2-54　实验 11-3 的运行结果

(6) 掌握知识点：带参的宏定义。

【实验 11-4】

(1) 实验类型：扩展型实验——程序填空。

(2) 实验题目：给定程序 sy11-4.c 中，函数 fun()的功能是将形参给定的字符串、整数、浮点数写到文本文件中，再用字符方式从此文本文件中逐个读入并显示在终端屏幕上。在程序的下画线处填入正确的内容并把下画线删除，使程序输出正确的结果。编辑并调试程序，输出正确的结果。

(3) 源程序代码：文件名 sy11-4.c。

```
#include<stdio.h>          /* sy11-4.c */
void fun(char  *s, int  a, double  f)
{
   【1】
   char ch;
   fp=fopen("file1.txt", "w");
   fprintf(fp, "%s %d %f\n", s, a, f);
   fclose(fp);
   fp=fopen("file1.txt", "r");
   printf("The result :\n\n");
   ch=fgetc(fp);
/**********found**********/
   while(!feof( 【2】 )) {
/**********found**********/
      putchar(ch); ch=fgetc(fp); }
```

```
    fclose(fp);
}
main()
{ char a[10]="Hello!";    int b=12345;
  double c=98.76;
  fun(a,b,c);
}
```

（4）实验步骤。

第 1 步：启动 Visual C++ 2010，创建新项目 sy11-4。

第 2 步：添加源程序，文件名 sy11-4.c。

第 3 步：编辑源程序 sy11-4.c。

第 4 步：调试、运行程序，记录实验过程和结果。

第 5 步：撰写实验报告。

（5）实验结果：如图 2-55 所示。

图 2-55　实验 11-4 的运行结果

（6）掌握知识点：文件指针。

【实验 11-5】

（1）实验类型：设计型实验——程序设计。

（2）实验题目：假定输入的字符串中只包含字母和"＊"。编写函数 fun()，其功能是除了尾部的"＊"之外，将字母串中其他"＊"全部删除。形参 p 已指向字符串中最后的一个字母。例如，若字符串中的内容为＊＊＊A＊BC＊DEF＊G＊＊＊＊，删除后，字符串中的内容为 ABCDEFG＊＊＊＊＊＊＊。仅在函数 fun() 的"{ }"内填入程序语句。

（3）源程序代码：文件名 sy11-5.c。

```
#include<stdio.h>          /* sy11-5.c */
void fun(char * a, char * p)
{

}
main()
{ char s[81], * t;
  printf("enter string:");   gets(s);
  t=s;
  while(* t)   t++;
  t--;
```

```
    while(*t=='*') t--;
    fun(s,t);
    printf("the string after deleted:\n"); puts(s);
}
```

(4) 实验步骤。

第 1 步：启动 Visual C++ 2010，创建新项目 sy11-5。

第 2 步：添加源程序，文件名 sy11-5.c。

第 3 步：编辑源程序 sy11-5.c。

第 4 步：调试、运行程序，记录实验过程和结果。

第 5 步：撰写实验报告。

(5) 实验结果：如图 2-56 所示。

图 2-56　实验 11-5 的运行结果

(6) 掌握知识点：用指针处理字符串。

第3篇 C 程序设计基础练习

本篇是 C 程序设计基础练习题,内容包括 C 程序设计基础知识、基本数据类型、数据运算、程序流程控制、数组和字符串、指针、函数、复合结构类型、文件和编译预处理。本篇共 10 章,每章包括单选题和填空题两种基础题型,每道题都紧扣教学要求的重点和难点;针对每章每节的知识点,经过精心设计和选择,每道题构成基本的 C 程序基本模块,均经过上机调试,对读者深入掌握"C 语言程序设计"课程的教学内容,巩固所学 C 程序设计的知识点提供有益的帮助。此外,本篇练习题对准备参加"C 语言程序设计"等级考试的应试者也具有极大使用价值。

练习1 简单的 C 程序设计

一、单选题

1. 一个 C 程序由(　　)组成。
   A. 主程序　　　　B. 子程序　　　　C. 函数　　　　D. 过程
2. 一个 C 语言程序总是从(　　)开始执行。
   A. 主程序　　　　B. 子程序　　　　C. 主函数　　　　D. 函数
3. 以下叙述正确的是(　　)。
   A. 在 C 程序中,main()函数必须位于程序的最前面
   B. C 程序的每一行只能写一条语句
   C. 对一个 C 程序进行编译过程中,可以发现注释中的拼写错误
   D. C 语言本身没有输入输出语句
4. 以下说法正确的是(　　)。
   A. 在 C 程序运行时,总是从第一个定义的函数开始执行
   B. 在 C 程序运行时,总是从 main()函数开始执行
   C. C 源程序中的 main()函数必须放在程序的开始部分
   D. 一个 C 函数中只允许一对大括号

5. 在一个C程序文件中,main()函数的位置( )。
   A. 必须在开始　　　　　　　　　B. 必须在最后
   C. 必须在库函数之后　　　　　　D. 可以任意

6. 下面4项叙述中,错误的是( )。
   A. C语言的标识符必须全部由字母组成
   B. C语言不提供输入输出语句
   C. C语言的注释可以出现在任何位置
   D. C语言的关键字必须小写

7. 下列标识符,不合法的用户标识符是( )。
   A. Pad　　　　　B. a_10　　　　　C. _123　　　　　D. a♯b

8. 下列标识符,合法的用户标识符是( )。
   A. long　　　　　B. 3ab　　　　　C. enum　　　　　D. day

9. 下列标识符,错误的一组是( )。
   A. Name,char,a_bc,A-B　　　　　B. read,Const,type,define
   C. include,integer,Double,short_int　　D. abc_d,x6y,USA,print

10. 下列单词,属于关键字的是( )。
    A. include　　　B. ENUM　　　C. define　　　D. union

11. 下列单词,属于关键字的是( )。
    A. Float　　　　B. integer　　　C. Char　　　　D. signed

12. 下面属于C语句的是( )。
    A. print(" %d\n",a)　　　　　　B. /* This is a statement */
    C. ♯include<stdio.h>　　　　　D. x=x+1

13. 下面单词属于C语言保留字的是( )。
    A. Int　　　　　B. typedef　　　C. ENUM　　　　D. unien

14. 下列标识符中,正确的一组是( )。
    A. name　　　char　　　_abc　　　A$
    B. abC)c　　　5bytes　　　-USA　　　_54321
    C. print　　　const　　　type　　　define
    D. include　　integer　　Double　　short_int

15. 以下叙述正确的是( )。
    A. C语言规定只有主函数可以调用其他函数
    B. 一个C语言的函数中只允许有一对大括号
    C. C语言中的标识符可以用大写字母书写
    D. 在对程序进行编译的过程中,可发现注释中的拼写错误

二、填空题

1. C语言源程序文件名的后缀是*.c,经过编译后,生成的文件名后缀是__【1】__。
2. C语言源的用户标识符可由3种字符组成,它们是字母、数字或下画线,并且第一

个字符必须是 【2】 和下画线。

3. C语言是一种编译型的程序设计语言,一个C程序的开发过程要经过编辑、编译、 【3】 4个步骤才能得到运行结果,而且不能与关键字相同。

4. C语言源程序的基本单位是 【4】 。

5. 关键字是C语言中有特定意义和用途,不得作为它用的字符序列,其中ANSI C标准规定的关键字都必须 【5】 。

6. 【6】 用来表示变量名、数组名、函数名、指针名、结构名、联合名、用户定义的数据类型名及语句标号等用途的字符序列。

7. 下面的程序用scanf()函数从键盘接收一个字母,用printf()函数显示十进制代码值,将程序填写完整。

```
main()
{   【7】 ;
    scanf("%c", &ch);
    printf((" %c", ch);
}
```

8. 下面的程序用scanf()函数从键盘接收一个整型数据,用printf()函数输出该整型数据,将程序填写完整。

```
main()
{   int a;
    scanf("%d", 【8】 );
    printf("%d", a);
}
```

9. 下面的程序功能是从键盘输入一个小写字母,然后输出该字母的大写字母和十进制ASCII码值,将程序填写完整。

```
main()
{   char c1,c2;
    scanf("%c", &c1);
    c2= 【9】 ;
    printf("%c  %d", c2, c2);
}
```

10. C语句 x=10;语句中,"="的含义是 【10】 。

11. 函数体由符号{开始,到符号}结束,函数体内的前面是 【11】 ,后面是语句部分。

12. C语言中的标识符可分为3类,它们是 【12】 、用户标识符和预定义标识符。

13. 【13】 在整个程序文件中可以出现在任意位置,main()函数不一定出现在程序的开始处,但是程序的运行必须总是从main()函数开始。

14. 【14】 是完成某种程序功能(如赋值、输入、输出等)的最小单位,所有的C语句都以分号结尾。

15. 将 2.5 赋值给浮点型变量 s 的语句格式是 __【15】__。

16. 关键字是 C 语言中有特定意义和用途，不得作为它用的字符序列，其中 ANSI C 标准规定的关键字有 __【16】__。

17. 一组 C 语句用大括号括住，就构成 __【17】__。

18. 在函数名后面的一对括号，其中放置一个或多个形式参数，简称 __【18】__ 或哑元。

19. C 语句可分为表达式语句、复合语句和 __【19】__。

20. 当使用系统提供的库函数时，只要在程序开始使用 ♯ include __【20】__ 或 ♯ include ＜标题文件＞，就可以调用其中定义的库函数。

练习2　基本数据类型

一、单选题

1. C 语言中允许的基本数据类型包括（　　）。
   A. 整型、实型、逻辑型　　　　　　B. 整型、字符型、逻辑型
   C. 整型、实型、字符型　　　　　　D. 整型、实型、逻辑型、字符型

2. C 语言下列各组数据类型中，满足占用存储空间从小到大的排列是（　　）。
   A. short int，char，float，double　　B. int，char，float，double
   C. int，unsigned char，long int，float　D. char，int，float，double

3. C 语言中不同数据类型占用存储空间的大小是（　　）。
   A. C 语言本身规定的　　　　　　　B. 任意的
   C. 与计算机机器字长有关　　　　　D. 由用户自己定义的

4. 在 C 语言中，设 short int 型占 2B 空间，下列不能正确存入 int 型变量的常量是（　　）。
   A. 10　　　　B. 036　　　　C. 65536　　　　D. 0xab

5. C 语言中整型常量包括（　　）。
   A. 十进制、八进制、十六进制　　　B. 十进制、八进制、二进制
   C. 十进制、二进制、十六进制　　　D. 二进制、八进制、十六进制

6. 下面四组整型常数，错误的一组是（　　）。
   A. 180，0xff，011，0L
   B. 01，32768u，0671，0x153
   C. xcde，017，0xe，123
   D. 0x48a，0205，0x0，−135

7. 下面 4 组整型常数，合法的一组是（　　）。
   A. 160，0xbf，011
   B. 0abc，0170a，−123
   C. −01，986012，0668
   D. 0x48a，2e5，0x

8. 下面 4 组常数中，均是正确的八进制或十六进制数的一组是（　　）。
   A. 016，0xbf，018
   B. 0abc，0170xa
   C. 010，−0x11，0x16
   D. 0A12，7FF，−123

9. 下面4个选项中,均是合法的浮点数的一组是( )。
   A. -.60,12e-4,-8e5
   B. 1e+1,5e-9.4,03e2
   C. -e3,e-4,5.e-0
   D. 123e,1.2e-.4,+2e-1

10. 不正确的字符串常数是( )。
    A. "abc"
    B. " 12 '12"
    C. " 0"
    D. " "

11. 下面属于C合法的字符常数是( )。
    A. '\t '
    B. '\97 '
    C. "A"
    D. "\0"

12. 下列变量定义中合法的是( )。
    A. short _a=1-.1e-1;
    B. double b=1+5e2.5;
    C. long do=0xfdaL;
    D. float 2_and=1-e-3;

13. 下列定义变量的语句中错误的是( )。
    A. int _int
    B. double int_
    C. char For
    D. float US$

14. 下列转义字符中,均合法的一组是( )。
    A. 't ','\\ ','\n '
    B. '\ ','\017 ','\x '
    C. '\f ','\018 ','\xab '
    D. '\\0 ,'\101 ',' f '

15. 以下叙述不正确的是( )。
    A. 空字符串它只1B的存储单元
    B. 字符型常量可以存放在字符变量中
    C. 字符型串常量可以存放在字符串变量中
    D. 字符常量可以整数混合运算,字符串常数不可以

16. 当#define PI 3.14定义后,下面叙述正确的是( )。
    A. PI是一字符串
    B. 语法错误
    C. PI是整型变量
    D. PI是实型变量

17. 以下选项中不属于C语言的类型名称是( )。
    A. signed short int
    B. unsigned long int
    C. unsigned int
    D. long short

18. 在C语言中,以下叙述不正确的是( )。
    A. 在C程序中,无论整数还是实数都能准确无误地表示
    B. 在C程序中,变量名代表存储器的一个位置
    C. 静态变量的生存周期与整个程序的运行期间相同
    D. C程序中,变量必须先说明后引用

19. 以下能正确定义变量a、b、c,并为它们全部赋值的语句是( )。
    A. int a=b=c=5;
    B. int a,b,c=5;
    C. int a=5, b=5, c=5;
    D. a=5, b=5, c=5;

20. 已知字母'A '的ASCII码为十进制数65,以下程序的输出结果是( )。

```
main()
{   char c1, c2;
```

```
    c1='A'+'5'-'3';
    c2='A'+'6'-'3';
    printf("%d, %c \n", c1,c2);
}
```

    A. 67,D   B. B,C   C. C,D   D. 不定值

21. 下面程序的输出结果是(　　)。

```
main()
{   char c1='B', c2='E';
    printf("%d, %c \n", c2-c1, c2+'a'-'A');
}
```

    A. 不确定   B. 2,M   C. 2,e   D. 3,e

22. 下面程序的输出结果是(　　)。

```
main()
{   int u=010, v=0x10, w=10;
    printf(" %d, %d,%d \n ", u, v, w);
}
```

    A. 10,10,10   B. 8,8,10   C. 8,10,10   D. 8,16,10

23. 下面程序的输出结果是(　　)。

```
main()
{   int k=15;
    printf("k=%d, k=%o, k=%x \n", k, k, k);
}
```

    A. k=15,k=15,k=15   B. k=11,k=17,k=17
    C. k=15,k=017,k=0xf   D. k=15,k=17,k=f

24. 有定义 float a,b,c;用 scanf("%f %f %f",&a,&b,&c);语句输入数据,使 a、b、c 的值分别为 11.0、22.0、33.0,下面键盘输入错误的形式是(　　)。

    A. 11<CR> 22<CR>33<CR>   B. 11.0, 22.0, 33.0<CR>
    C. 11.0<CR> 22 33<CR>   D. 11 22 <CR>33<CR>

25. 定义 float y; int x;,用 scanf("i=%d, f=%f %f", &x, &y);语句输入数据,使 x,y 的值分别为 10,76.5,下面键盘正确的输入形式是(　　)。

    A. 10 76.5<CR>   B. i=10, f=76.5<CR>
    C. 10<CR> 76.5<CR>   D. x=10, y=76.5<CR>

26. 以下对 scanf()函数叙述中,正确的是(　　)。

    A. 输入项可以是一个实型常数,如 scanf("%f", 3.3)
    B. 只有格式控制没有输入项,也能正确输入数据到内存,如 scanf("a=%d")
    C. 当输入一个实型数据时,可以规定小数点的位数,如 scanf("%4.2f", &f)
    D. 当输入数据时必须指明变量地址,如 scanf("%f", &f)

27. 有以下程序,若从键盘输入 10A20<CR>,则输出结果是(　　)。

```
main()
{   int m=0, n=0; char c='a';
    scanf("%d%c%d", &m, &c, &n);
    printf("%d, %c, %d \n", m, c, n);
}
```

　　A. 10,a,20　　　　B. 10,a,0　　　　C. 10,A,0　　　　D. 10,A,20

28. 函数 putchar()可以向终端输出一个(　　)。

　　A. 字符串　　　　　　　　　　　B. 字符或字符型变量的值

　　C. 整型变量的值　　　　　　　　D. 实型变量的值

29. x、y、z 被定义为 int 型变量,若从键盘给 x、y、z 输入数据,正确的输入语句是(　　)。

　　A. INPUT,x,y,z;　　　　　　　　B. scanf("%d%d%d",&x,&y,&z);

　　C. scanf("%d%d%d",x,y,z);　　　D. read("%d%d%d",&x,&y,&z);

30. 设有定义:int a;float b;执行 scanf("%2d%f",&a,&b);语句时若从键盘输入 876 543.0＜回车＞,a 和 b 的值分别是(　　)。

　　A. 876 和 543.000000　　　　　　B. 87 和 6.000000

　　C. 87 和 543.000000　　　　　　 D. 76 和 543.000000

二、填空题

1. C 语言允许使用的数据类型有 3 类,它们是 __【1】__、构造类型和指针类型。

2. C 语言提供的 5 种基本类型关键字是 char、int、float、double 和 __【2】__。

3. C 语言源程序的基本单位是 __【3】__。

4. C 语言定义的变量,代表内存中的一个 __【4】__。

5. 全局变量和 static 型局部变量的初始化是在编译阶段完成的,且初始化在整个程序执行期间被执行 __【5】__ 次。

6. 在 C 语言程序中,把 a 定义成单精度实型变量,并赋值为 1 的语句格式是 __【6】__。

7. 定义变量 int i=0,j=0,k=0;,用下面的语句进行输入时,从键盘输入 123.4<CR>,(CR 代表 CR),则变量 i、j、k 的值为 __【7】__。

```
scanf("%d ", &i);
scanf(" %d ", &j);
scanf("%d\n ", &k);
```

8. 运行下面的程序,若要使 a=5.0,b=4,c=2,则输入数据的形式为 __【8】__。

```
main()
{   int b,c;
    float a;
```

```
        scanf("a=%f,%d,%d", &a,&b, &c);
        printf(" %f   %d   %d \n", a,b,c);
}
```

9. 已知如下的定义和输入语句,若要求 a1、a2、c1、c2 的值分别为 10、20、'A'、'B',则正确的输入方式是 __【9】__ 。

```
int a1,a2,c1,c2;
scanf(" %d,%d%c%c", &a1,&a2, &c1,&c2);
```

10. 已定义变量 int i,j;,若从键盘输入 i=1,j=2<CR>则使 i,j 的值分别 1、2 的输入语句是 __【10】__ 。

11. 以下程序的输出结果是 __【11】__ 。

```
main()
{   int a=200,b=010;
    printf("%d%d\n", a,b);
}
```

12. 有以下程序,程序运行时输入 1234567<CR>,程序的运行结果是 __【12】__ 。

```
main()
{   int x,y;
    scanf("%2d%1d", &x,&y);
    printf("%d%\n",x+y);
}
```

13. 若整型变量 a 和 b 中的值分别为 7 和 9,要求按以下格式输出 a 和 b 的值:

a=7
b=9

请完成输出语句 printf(" __【13】__ ",a,b);。

14. 执行以下程序时输入 1234567,则输出结果是 __【14】__ 。

```
main()
{   int a=1,b;
    scanf("%2d%2d",&a&b);
    printf("%d %d\n",a,b);
}
```

15. 写出以下程序的输出结果 __【15】__ 。

```
main()
{   printf("%d\n",NULL);   }
```

16. 写出以下程序的输出结果 __【16】__ 。

```
main()
{   char a='\102',b='A';
```

```
    printf("%d,%d, %c,%c\n",a,b,a,b);
}
```

17. 设有说明语句：char a='\72';则变量 a 包含 __【17】__ 个字符。

18. 设有定义 long x=123456L;,则以下能够正确输出变量 x 值的语句是 __【18】__ 。

19. 以下程序的运行结果是 __【19】__ 。

```
main()
{ printf("*%f,%4.3f*\n",3.14,3.1415); }
```

20. 以下程序的运行结果是 __【20】__ 。

```
{   char c='A';
    printf("%d,%o,%x,%c\n",c,c,c,c);
}
```

练习3 数据运算

一、单选题

1. 在 C 语言中,要求运算对象必须是整数的运算符是(   )。
   A. /   B. ++   C. %   D. !=

2. 以下符合 C 语言语法的赋值表达式是(   )。
   A. d=9+e+f=d+9   B. d=9+e, f=d+9
   C. a+=a-=(a=4)*(b=2)   D. x!=a+b

3. 以下变量均是整型,且 n=s=7;,则执行表达式 s=n++, s++, ++n 后 s 的值是(   )。
   A. 7   B. 8   C. 9   D. 10

4. 若有定义 int a=7; float x=2.5,y=4.7;,则表达式 x+a%3*(int)(x+y)%2/4 的值是(   )。
   A. 0.00000   B. 2.500000   C. 2.50000   D. 3.500000

5. 若有定义 int k=7,x=12;,则表达式的值为 3 的是(   )。
   A. x%=(k%=5)   B. x%=(k-k%5)
   C. x%=k-k%5   D. (x%=k)-(k%=5)

6. 若 x、i、j 和 k 都是 int 变量,则执行表达式 x=(i=4,j=16,k=32)后,x 的值为是(   )。
   A. 4   B. 16   C. 52   D. 32

7. 已知大写字母 A 的 ASCII 值是 65,小写 a 的 ASCII 值为 97,则用八进制表示的字符常量'\101'是(   )。
   A. 字符 A   B. 字符 a   C. 字符 e   D. 非法常量

8. 设 a、b 均是 double 型变量,且 a=5.5,b=2.5,则表达式(int)a+b/b 的值

是( )。
    A. 6   B. 6.500000   C. 5.500000   D. 6.000000

9. 设有定义♯define d 2,int a=0;double b=1.25;char c='A';,则下面语句错误的是( )。
    A. a++   B. b++   C. c++   D. d++

10. 有定义 int x=13,y=5;,执行 printf("%d\n",x%=(y/=2);,则程序输出结果是( )。
    A. 3   B. 2   C. 1   D. 0

11. 下列表达式中,值为 0 的是( )。
    A. 3%5   B. 3/5   C. 3/5.0   D. 3<5

12. 表达式 18/4 * sqrt(4.0)/8 的数据类型为( )。
    A. int   B. double   C. float   D. 不确定

13. 表达式(int)(3.0/2.0)的值为( )。
    A. 1.5   B. 1   C. 1.0   D. 0

14. 设 int x=10;执行 x+=x-=x-x;语句后,x 的值为( )。
    A. 30   B. 20   C. 40   D. 10

15. 设下列变量均为整型,则不正确的赋值语句是( )。
    A. ++t;   B. a=a+c=1;
    C. n1=(n2=(n3=0));   D. k=i==1;

16. 设 float m=4.0,n=4.0;,使 m 为 10 的表达式为( )。
    A. m-=n*25   B. m+=n+2
    C. m/=n+9   D. m*=n-6

17. C 语句 x*=y+2;还可以写成( )。
    A. x=2+y*x;   B. x=x*(y+2);
    C. x=x*y+2;   D. x=y+2*x;

18. 若变量已经正确定义,将 a 和 b 的数进行交换,下列不正确的语句组是( )。
    A. a=a+b,b=a-b,a=a-b;   B. a=t,t=b,b=a;
    C. t=a,a=b,b=t;   D. t=b,b=a,a=t;

19. 若变量 a 和 b 为 double 型,则表达式 x=1,y=x+3/2 的值是( )。
    A. 1   B. 2.0   C. 2   D. 2.5

20. 设 m=7,n=8;,则语句 printf("%d,%d",(m+n,m),(n,m+n));输出是( )。
    A. 7,15   B. 8,15   C. 出错   D. 15,7

21. 设 a=3;,则表达式 a<1&&--a>1 的运算结果和 a 的值分别是( )。
    A. 0 和 3   B. 0 和 2   C. 1 和 2   D. 1 和 3

22. 数学表达式为 x≥y≥z,书写为 C 语言表达式为( )。
    A. (x>=y)&&(y>=z)   B. (x>=y)AND(y>=z)
    C. x>=y>=z   D. (x>=y)&(y>=z)

23. 已知 int x=43,y=0; char c='A';,则表达式(x>=y&&c<'B'&&!y)的值是( )。
   A. 1   B. 0   C. 语法错   D. -1
24. 表示变量 a,b 大于 0,正确的 C 语言表达式是( )。
   A. (a>0)&&(b>0)   B. a&&b
   C. (a>0)|(b>0)   D. (a>0)||(b>0)
25. 下面程序的输出结果是( )。

```
main()
{ int a=-1, b=4, k;
  K=(a++<=0)&&(!b--<=0);
  printf("%d %d %d", k, a, b,);
}
```
   A. 1 0 3   B. 0 0 3   C. 0 1 2   D. 1 1 2
26. 有定义 int a=3,b=4,c=5;,则以下表达式的值为 0 的是( )。
   A. a<=b   B. !(a<b)&&!c||1
   C. a&&b   D. a||b+c&&b-c
27. 表达式 5&2||5|2 的值是( )。
   A. 1   B. 0   C. 2   D. 3
28. 整型变量 x 和 y 的值相等且非 0 值,则以下选项中结果为 0 的表达式是( )。
   A. x||y   B. x|y   C. x^y   D. x&y
29. 设 int b=2;,表达式(b<<2)/(b>>1)的值是( )。
   A. 8   B. 4   C. 2   D. 0
30. sizeof(double)是( )。
   A. 一个不合法的表达式   B. 一个函数调用
   C. 一个双精度表达式   D. 一个整型表达式
31. 下面属于 C 语句的是( )。
   A. printf("%d\n",a)   B. #include<stdio.h>
   C. {a=b; b=c; c=a;}   D. /* this is a program */
32. 下列选项中,不正确的语句是( )。
   A. ++t;   B. n1=(n2=(n3=0));
   C. k=i==j;   D. a=b+c=1;
33. 已知 ch 是字符型变量,则下面正确的赋值语句是( )。
   A. ch='123';   B. ch='\xff';   C. ch='\08';   D. ch="\";
34. 设 x 和 y 均为 int 型变量,则执行以下语句的功能是( )。

x+=y; y=x-y; x-=y;

   A. 把 x 和 y 从大到小排列   B. 把 x 和 y 从小到大排列
   C. 无确定结果   D. 交换 x 和 y 的值

35. 下面程序的输出为(　　)。

```
main()
{ int a;
  printf("%d\n",(a=3*5,a*4,a+5));
}
```

  A. 65   B. 20   C. 15   D. 10

36. printf 函数中用到格式符"%5s",其中数字 5 表示输出的字符串占用 5 列,如果字符串长度大于 5,则输出方式是(　　)。

  A. 从左起输出该字符串,右补空格   B. 按原字符串长从左向右全部输出
  C. 右对齐输出该字符串,左补空格   D. 输出错误信息

37. 已有定义 int x;float y;且执行语句 scanf("%3d,%f",&x,&y);时,若从第一列开始输入数据 12345,678<CR>,则 x 的值为(　　)。

  A. 12345   B. 123   C. 45   D. 345

38. 已有定义 int x;float y;且执行语句 scanf("%3d,%f",&x,&y);时,若从第一列开始输入数据 12345,678<CR>,则 y 的值为(　　)。

  A. 45   B. 不确定   C. 678   D. 45678

39. 设有输入语句 scanf("a=%d,b=%d,c=%d",&a,&b,&c);为使变量 a 的值为 1,b 的值为 3,c 的值为 2,则从键盘输入数据的正确形式是(　　)。

  A. 132<CR>   B. 1,3,2<CR>
  C. a=1 b=3 c=2<CR>   D. a=1,b=3,c=2<CR>

40. 下面程序运行时,若从键盘输入的数据形式为 25 13 10<CR>,则正确的输出结果是(　　)。

```
main()
{ int x, y, z;
  scanf("%d%d%d", &x, &y, &z);
  printf("x+y+z=%d\n", x+y+z);
}
```

  A. x+y+z=48   B. x+y+z=35
  C. 不确定值   D. x+z=35

41. 若 t 为 double 类型,则表达式 t=1,t-5,t++的值是(　　)。

  A. 1   B. 6.0   C. 2.0   D. 1.0

42. 设有 int x=2;,以下表达式中,值不为 6 的是(　　)。

  A. x*=x+1   B. x++,2*x   C. x*=(x+1)   D. 2*x,x+=2

43. 若有定义 double a=22;int i=0,k=18;,则不符合 C 语言规定的赋值语句是(　　)。

  A. a=a++,i++;   B. i=(a+k)<=(i+k);
  C. i=a%11;   D. i=!a;

44. 若有定义语句 int x=10;,则表达式 x-=x+x 的值是（   ）。
    A. -20   B. -10   C. 0   D. 10
45. 表达式(int)((double)9/2)-9%2 的值是（   ）。
    A. 0   B. 3   C. 4   D. 5

二、填空题

1. C语言中,当表达式的值为0时表示逻辑值"假",当表达式值为 __【1】__ 时表示逻辑值"真"。

2. 若 x,y,均是 double 型变量,且 x 的初值为 3.0,y 的初值为 2.0,则表达式 pow(y,fabs(x))的值为 __【2】__ 。

3. 若 a,b,c 是整型变量,则执行表达式(a=b=4)+(c=2)后,a 的值为 __【3】__ 。

4. 已知 int a=3,b=5;则表达式 a==b<0 的值是 __【4】__ 。

5. 已知 int a=3,b=5;则表达式 a>=b && b>1 值是 __【5】__ 。

6. 已知 int a=3,b=5;则表达式 5%a+b 值是 __【6】__ 。

7. 能正确表示数学公式 0<x<9 的C语言表达式是 __【7】__ 。

8. 写出以下程序的输出结果 __【8】__ 。

main()
{   int a=3;
    a+=a-=a*a;
    printf("%d\n",a);
}

9. 写出以下程序的输出结果 __【9】__ 。

main()
{   int x=12,y;
    y=x++;
    printf("%d,%d,%d\n",x+y,x++,y++);
}

10. 写出以下程序的输出结果 __【10】__ 。

main()
{   int x=6;
    printf("%d\n",x+=x++,++x);
}

11. 写出以下程序的输出结果 __【11】__ 。

main()
{   int x=100;
    printf("%d\n",x>=100);
}

12. 写出以下程序的输出结果 【12】 。

```
main()
{   int x=5,y;
    float a;
    y=2.75+x/2+(float)(x/2.0);
    a=2.75+x/2.0+(float)(x/2);
    printf("%d,%2.2f\n",y,a);
}
```

13. 设 x 为 int 型变量，写出一个关系表达式 【13】 ，用以判断 x 同时为 3 和 7 的倍数时，关系表达式的值为真。

14. 写出以下程序的输出结果 【14】 。

```
main()
{   double x=17;
    int y;
    y=(int)(x/5)%2;
    printf("%d\n",y);
}
```

15. 写出以下程序的输出结果 【15】 。

```
main()
{   int x=20;
    printf("%d,",0<x<20);
    printf("%d\n",0<x&&x<9);
}
```

16. 已知字符 A 的 ASCII 代码值为 65，以下程序运行时若从键盘输入 B33<CR>，则输出结果是 【16】 。

```
main()
{   char a,b;
    a=getchar();
    scanf("%d",&b);
    a=a-'A'+'0';
    b=b*2;
    printf("%c %c\n",a,b);
}
```

17. 已知字母 A 的 ASCII 码为 65，以下程序运行后的输出结果是 【17】 。

```
main()
{   char a,b;
    a='A'+'5'-'3';
    b=a+'6'-'2';
```

```
    printf("%d %c\n",a,b);
}
```

18. 以下程序运行后的输出结果是 __【18】__ 。

```
main()
{   int a,b,c;
    a=25;    b=025;    c=0x25;
    printf("%d  %d  %d\n", a, b, c);
}
```

19. 有以下程序,程序运行时输入 12<CR>,执行后输出结果是 __【19】__ 。

```
main()
{   char ch1,ch2;
    int n1,n2;
    ch1=getchar();   ch2=getchar();
    n1=ch1-'0';    n2=n1*10+(ch2-'0');
    printf("%d\n ",n2);
}
```

20. 以下程序运行时若从键盘输入"100   200   300<CR>"。输出结果是 __【20】__ 。

```
main()
{   int i=0,j=0,k=0;
    scanf("%d%*d%d",&i,&j,&k);
    printf("%d %d %d\n",i,j,k);
}
```

练习4 程序流程控制

一、单选题

1. 已知 int x=10,y=20,z=30;则执行以下语句后,x,y,z 的值是(   )。

```
if(x>y)
z=x; x=y; y=z;
```

    A. x=10,y=20,z=30   B. x=20,y=30,z=30

    C. x=20,y=30,z=10   D. x=20,y=30,z=20

2. 执行下面程序的输出结果是(   )。

```
main()
{   int a=5,b=0,c=0;
    if(a=a+b)  printf("****\n");
    else      printf("####\n");
}
```

A. 有语法错误不能编译　　　　　　　　B. 能通过编译,但不能通过连接
C. 输出****　　　　　　　　　　　　　D. 输出＃＃＃＃

3. 为避免在嵌套的条件语句 if…else 中产生二义性,C 语言规定 else 子句总是与(　　)。
A. 编排位置相同的 if 配对　　　　　　B. 其前面最近的 if 配对
C. 其后面最近的 if 配对　　　　　　　D. 同一行上的 if 配对

4. 以下不正确的 if 语句是(　　)。
A. if（x＞y）printf("%d\n",x);
B. if（x＝y;）&&（x!＝0）x+＝y;
C. if（x!＝y）scanf("%d",＆x);else scanf("%d",＆y);
D. if（x＜y）{x++;y++;}

5. 若有条件表达式 x?a++:b－－,则以下表达式中能完全等价于表达式 x 的是(　　)。
A.（x==0）　　　B.（x!=0）　　　C.（x==1）　　　D.（x!=1）

6. 若运行下面程序时,给变量 a 输入 15,则输出结果是(　　)。

```
main()
{   int a,b;
    scanf("%d", &a);
    b=a>15? a+10:a-10;
    printf("%d\n", b);
}
```

A. 5　　　　　　B. 25　　　　　　C. 15　　　　　　D. 10

7. 以下选项中,两条条件语句语义等价的是(　　)。
A. if(a=2)　printf("%d\n", a);　　　B. if(a-2)　printf("%d\n", a);
　 if(a==2)　printf("%d\n", a);　　　 if(a!=2)　printf("%d\n", a);
C. if(a)　printf("%d\n", a);　　　　D. if(a-2)　printf("%d\n", a);
　 if(a==0)　printf("%d\n", a);　　　 if(a==2)　printf("%d\n", a);

8. 以下程序执行后的输出结果是(　　)。

```
main()
{   int x, y=1, z;
    if((z=y)<0)    x=4;
    else if(y==0)   x=5;
    else x=6;
    printf("%d,%d\n", x,y);
}
```

A. 4,1　　　　　B. 6,1　　　　　C. 5,0　　　　　D. 出错信息

9. 以下程序的执行结果是(　　)。

```
main()
{   int x=0, y=1, z=0;
```

```
    if(x=z=y)   x=3;
    printf("%d,%d\n", x,z);
}
```

    A. 3,0   B. 0,0   C. 0,1   D. 3,1

10. 运行下面程序时,若从键盘输入 3,4<CR>,则程序的输出结果是(   )。

```
main()
{   int a, b, s;
    scanf("%d,%d", &a,&b);
    s=a;
    if(s<b) s=b;
    s=s * s;
    printf("%d\n", s);
}
```

    A. 14   B. 16   C. 18   D. 20

11. 下面程序的运行结果是(   )。

```
main()
{   int x=100, a=10, b=20, ok1=5, ok2=0;
    if(a<b)
        if(b!=15)
            if(!ok1)    x=1;
            else
                if(ok2) x=10;
    x=-1;
    printf("%d\n",x);
}
```

    A. -1   B. 0   C. 1   D. 不确定的值

12. 下面程序运行时,若从键盘输入 5<CR>,则输出结果是(   )。

```
main()
{   int a;
    scanf("%d", &a);
    if(a++>5) printf("%d\n", a);
    else printf("%d\n", a--);
}
```

    A. 7   B. 6   C. 5   D. 4

13. 执行下面程序段后的输出结果是(   )。

```
int x=1, y=1, z=1;
x+=y+=z;
printf("%d\n", x<y?y:x);
```

A. 3　　　　　　　B. 2　　　　　　　C. 1　　　　　　　D. 4

14. 运行下面程序时,从键盘输入字母 H,则输出结果是(　　)。

```
main()
{  char ch;
   ch=getchar();
   switch(ch)
   {  case'H': printf("Hello!\n ");
      case'G': printf("Good morning!\n");
      defualt : printf("Bye_Bye!\n");
   }
}
```

A. Hello!

B. Hello!
　　Good Morning!

C. Hello!
　　Good morning!
　　Bye_Bye!

D. Hello!
　　Bye_bye!

15. 运行下面程序时,从键盘输入 12,34,9<CR>,则输出结果是(　　)。

```
main()
{  int x, y, z;
   scanf("%d,%d,%d", &x,&y,&z);
   if(x<y)
        if(y<z)   printf("%d\n", z);
        else printf("%d\n", y);
   else if(x<z)   printf("%d\n", z);
   else           printf("%d\n", x);
}
```

A. 34　　　　　　B. 12　　　　　　C. 9　　　　　　D. 不确定的值

16. 下面程序的输出结果是(　　)。

```
{  int x=2, y=-1, z=2;
   if(x<y)
        if(y<0) z=0;
        else z+=1;
   printf("%d\n",z);
}
```

A. 3　　　　　　　B. 1　　　　　　　C. 2　　　　　　　D. 0

17. 运行下面程序时,键盘输入 2.0<CR> 则输出结果是(　　)。

```
main()
{  float a,b;
   scanf("%f",&a);
```

```
    if(a<0.0) b=0.0;
    else if((a<0.5)&&(a!=2.0)) b=1.0/(a+2.0);
    else if(a<10.0) b=1.0/2;
    else b=10.0;
    printf("%f\n", b);
}
```

  A. 0.000000 B. 0.500000 C. 1.000000 D. 0.250000

18. 执行以下程序的输出结果是( )。

```
main()
{   int k=4, a=3, b=2, c=1;
    printf("%d\n", k<a?k:c<b?c:a);
}
```

  A. 4   B. 3   C. 2   D. 1

19. 以下程序段运行结果是( )。

```
int w=3, z=7, x=10;
printf("%d\n", x>10 ? x+100 : x-10);
printf("%d\n", w++||z++);
printf("%d\n", w>z);
printf("%d\n", w&&z);
```

A. 0	B. 1	C. 0	D. 0
1	1	1	1
1	1	0	0
1	1	1	0

20. 以下程序段的运行结果是( )。

```
int x=-1, y=-1, z=-1;
printf("%d,%d,%d,%d\n",(++x&&++y&&++z),x,y,z);
```

  A. 0,0,-1,-1   B. 0,0,0,0
  C. 1,1,1,1   D. 1,-1,-1,-1

21. 下面程序段的运行结果是( )。

```
int x=1, y=1, z=1;
x+=y+=z;
printf("%d\n",x<y?y:x);
```

  A. 3   B. 2   C. 4   D. 不确定的值

22. 运行下面程序的输出结果是( )。

```
main()
{   int a=5, b=60, c;
    if(a<b)    { c=a*b; printf("%d * %d=%d\n",b,a,c); }
```

```
        else            { c=b/a; printf("%d/%d=%d\n",b,a,c); }
}
```

  A. 60/5＝12 B. 300 C. 60*5＝300 D. 12

23. 运行下面程序时,输入数据为 2,13,5＜CR＞,则输出结果是( )。

```
main()
{  int a, b, c;
   scanf("%d,%d,%d",&a,&b,&c);
   switch (a)
   {  case 1: printf("%d\n",b+c); break;
      case 2: printf("%d\n",b-c); break;
      case 3: printf("%d\n",b*c); break;
      case 4:  {  if(c!=0)    { printf("%d\n",b/c); break; }
                  else        { printf("error\n"); break; }
               }
   default: break;
   }
}
```

  A. 10 B. 8 C. 65 D. error

24. 运行下面程序时,若输入的数据为 3,7,1＜CR＞,则输出结果是( )。

```
main()
{  float a,b,c,t;
   scanf("%f,%f,%f",&a,&b,&c);
   if(a>b)      {   t=a,a=b,b=t;      }
   if(a>c)      {   t=a,a=c,c=t;      }
   if(b>c)      {   t=b,b=c,c=t;      }
   printf("%5.2f\n%5.2f\n%5.2f\n",a,b,c);
}
```

  A. 7.00 B. 1.00 C. 1 D. 7
    3.00   3.00   3   3
    1.00   7.00   7   1

25. 运行下列程序时,若输入数据为 123＜CR＞,则输出结果是( )。

```
main()
{  int num,i,j,k,place;
   scanf("%d",&num);
   if(num>99)        place=3;
   else if(num>9)    place=2;
   else              place=1;
   i=num/100;
   j=(num-i*100)/10;
   k=(num-i*100-j*10);
```

```
    switch (place)
    {  case 3: printf("%d%d%d\n",k,j,i);   break;
       case 2: printf("%d%d%d\n",k,j);
       case 1: printf("%d\n",k);
    }
}
```

  A. 123   B. 1,2,3   C. 321   D. 3,2,1

26. 以下程序的运行结果是(　　)。

```
main()
{   int a=0, b=1, c=0, d=20, x;
    if(a) d=d-10;
    else if(!b)
        if(!c) x=15;
        else x=25;
    printf("%d\n",d);
}
```

  A. 15   B. 25   C. 20   D. 10

27. 以下程序的运行结果是(　　)。

```
main()
{   int a=-1, b=3, c=3;
    int s=0, w=0, t=0;
    if(c>0) s=a+b;
    if(a<=0)
    {   if(b>0)
        if(c<=0) w=a-b;
    }
    else if(c>0) w=a-b;
    else t=c;
    printf("%d,%d,%d\n",s,w,t);
}
```

  A. 2,0,0   B. 0,0,2   C. 0,2,0   D. 2,0,2

28. 以下程序的输出结果是(　　)。

```
main()
{   nt x=3, y=4, z=4;
    printf("%d,",(x>=y>=z)?1:0);
    printf("%d\n",z>=y&&y>=x);
}
```

  A. 0,1   B. 1,0   C. 1,1   D. 0,0

29. 运行下面程序段时,若从键盘输入字母 b<CR>,则输出结果是(　　)。

```
main()
{   char c;
    c=getchar();
    if(c>='a'&&c<='u') c=c+4;
    else if(c>='v'&&c<='z') c=c-21;
    else printf("input error!\n");
    putchar(c);
}
```

  A. g   B. w   C. f   D. d

30. 运行下面程序是,若从键盘输入 3,5<CR>,则程序的输出结果是(　　)。

```
main()
{   int x,y;
    scanf("%d,%d",&x,&y);
    if(x==y)        printf("x==y");
    else if(x>y)    printf("x>y");
    else            printf("x<y");
}
```

  A. 3<5   B. 5>3   C. x>y   D. x<y

31. C 语言中,while 和 do…while 循环的主要区别是(　　)。

  A. do…while 的循环体不能是复合语句

  B. do…while 允许从循环体外转到循环体内

  C. while 的循环体至少被执行一次

  D. do…while 的循环体至少被执行一次

32. 下面关于 for 循环的正确描述是(　　)。

  A. for 循环只能用于循环次数已经确定的情况

  B. for 循环的循环体可以是一个复合语句

  C. 在 for 循环中,不能用 break 语句跳出循环体

  D. for 循环的循环体不能是一个空语句

33. 以下循环语句的循环次数是(　　)。

for(i=2;i==0;)   printf("%d",i--);

  A. 无限次   B. 0 次   C. 1 次   D. 2 次

34. 以下不是无限循环的语句是(　　)。

  A. for(y=0,x=1;x>++y;x=i++) i=x;

  B. for(;; x++);

  C. while(1) { x++; }

  D. for(i=10;; i--) sum+=i;

35. 执行语句 for(i=1;i++<4;);后,变量 i 的值是(　　)。

  A. 3   B. 4   C. 5   D. 不定

36. 下面程序段,不是死循环的是(　　)。

A. int i=100;
   while(2)
   { i=i%100+1;
      if(i>=100) break;}

B. for(;;);

C. int k=0;
   do { ++k; } while(k>=0);

D. int s=45;
   while(s); s--;

37. 以下是死循环的程序段是( )。

A. for(i=1;;)
   { if(++i%2==0) continue;
      if(++i%3==0) break;}

B. i=32767;
   do {if(i<0) break;} while(++i);

C. for(i=1;;) if(++i<10)continue;

D. i=1; while(i--);

38. 下面程序的运行结果是( )。

```
main()
{ int i,b,k=0;
  for(i=1; i<=5; i++)  { b=i%2;  while(b-->=0) k++; }
  printf("%d,%d\n",k,b);
}
```

A. 3,-1   B. 8,-1   C. 3,0   D. 8,-2

39. 以下叙述正确的是( )。

A. continue 语句的作用是结束整个循环的执行

B. 只能在循环体内和 switch 语句体内使用 break 语句

C. 在循环体内使用 break 语句或 continue 语句的作用相同

D. 从多层循环嵌套中退出时,只能使用 goto 语句

40. 对以下程序段,描述正确的是( )。

```
int x=0, s=0;
while(!x!=0) s+=++x;
printf("%d",s);
```

A. 运行程序段后输出 0   B. 运行程序段后输出 1

C. 程序段中的测试表达式是非法的   D. 程序段循环无数次

41. 对以下程序段的叙述正确的是( )。

```
int k=0;
while(k=0) k=k-1;
```

A. while 循环执行 10 次   B. 无限循环

C. 循环体一次也不被执行   D. 循环体被执行一次

42. 下面程序段的运行结果是( )。

```
x=0; y=0;
while(x<15) y++, x+=++y;
printf("%d,%d",y,x);
```

A. 20,7 B. 6,12 C. 20,8 D. 8,20

43. 对下面程序段描述正确的是(　　)。

x=1;
do
{ x=x*x; } while(!x);

A. 无限循环　　　　　　　　B. 循环执行两次
C. 循环执行一次　　　　　　D. 有语法错误

44. 下面程序的运行结果是(　　)。

main()
{ int a=1, b=10;
  do
  { b-=a; a++;} while(b--<0);
  printf("%d,%d\n",a,b);
}

A. 3,11 B. 2,8 C. 1,-1 D. 4,9

45. 下面程序的运行结果是(　　)。

main()
{ int x=3, y=6, a=0;
  while(x++!=(y-=1))
  { a+=1;
    if(y<x) break;
  }
  printf("%d,%d,%d\n",x,y,a);
}

A. 4,4,1 B. 5,5,1 C. 4,4,3 D. 5,4,1

二、填空题

1. 以下程序的输出结果是　【1】　。

main()
{ int a=4,b=5,t=6;
  if(a>b) t=a;a=b;b=t;
  printf("%d %d\n",a,b);
}

2. 程序运行后,从键盘输入 65 14<CR>,则输出结果是　【2】　。

main()
{ int m,n;
  scanf("%d%d",&m,&n);

```
   while(m!=n)
   {   while(m>n) m=m-n;    while(m<n) n=n-m;   }
   printf("m=%d\n",m);
}
```

3. 以下程序的输出结果是 __【3】__ 。

```
main()
{   int i=1,s=0;
    do
    {   if(s>4) break;
        s+=2;         i++;
    }while(i<=5);
    printf("s=%d,i=%d\n",s,i);
}
```

4. 以下程序的输出结果是 __【4】__ 。

```
main()
{   int i=1,s=0;
    for(i=1;i<=10;i++)
    {   if(i%2==0) continue;
        printf("%d  ",i);
    }
}
```

5. 以下程序的输出结果是 __【5】__ 。

```
main()
{   int i,sum=0;
    for(i=1;i<=10;i+=2)   sum+=i;
    printf("sum=%d\n",i);
}
```

6. 下面程序的运行结果是 __【6】__ 。

```
main()
{   int x=10,y=10,i;
    for(i=0;x>8;y=++i)    pintf("%d  %d  ",x--,y);
}
```

7. 打印所有的"水仙花数",所谓"水仙花数"是指其各位数字的立方和等于该数本身,如 $153 = 1^3 + 5^3 + 3^3$。请将程序填写完整。

```
main()
{   int i,j,k,n;
    for(n=100;n<1000;n++)
    {   i=n/100;
```

```
            j=  【7】  ;
            k=n%10;
            if(n==i*i*i+j*j*j+k*k*k)   printf("%d  ",n);
    }
}
```

8. 计算 $s=1!+2!+\cdots+20!$,请将程序填写完整。

```
main()
{   int i,s=0,t=1;
    for(i=1;i<=5;i++)
    {   t=  【8】  ;
        s+=t;
    }
    printf("s=%d\n",s);
}
```

9. 运行下面的程序,从键盘输入 2,程序的运行结果是 __【9】__ 。

```
main()
{   int x;
    scanf("%d",&x);
    switch(x)
    {   case 4: printf("Excellent!");
        case 3: printf("Good!");
        case 2: printf("Pass!");
        case 1: printf("Fail!");
    }
}
```

10. 以下程序的输出结果是 __【10】__ 。

```
main()
{   int a=2,b=3,c=4;
    if(a>b) if(b>c) c=0;
    else c++;
    printf("%d\n",c);
}
```

11. 运行下面的程序,从键盘输入 45,程序的运行结果是 __【11】__ 。

```
main()
{   int num,c;
    scanf("%d",&num);
    c=num%10;
    printf("%d ",c);
    num/=10;
    printf("%d\n",num);
}
```

12. 写出以下程序的运行结果 __【12】__ 。

```
main()
{   int a=2,b=7,c=5;
    switch(c>0)
    {   case 1: switch(b<10)
        {   case 1: printf("Test ");break;
            case 0:  printf("Execise ");break;
        }
        case 0: switch(c==5)
        {   case 0: printf("are also ");break;
            case 1: printf("are ");break;
            default: printf("are both");break;
        }
        default: printf("checked");
    }
    printf("!");
}
```

13. 写出以下程序的运行结果 __【13】__ 。

```
main()
{   int x=1000;
    if(x>1000)   printf("%d\n",x>1000);
    else printf("%d\n",x<=1000);
}
```

14. 写出以下程序的运行结果 __【14】__ 。

```
main()
{   int a=1,b=2,c=3,d=0;
    if(a==1)
        if(b!=2)
            if(c==3) d=1;
            else d=2;
        else if(c!=3) d=3;
        else d=4;
    else d=5;
    printf("%d\n",d);
}
```

15. 下面程序的功能是将数值为三位正整数的变量 x 中的数值按照个位、十位、百位的顺序拆分并输出，请将程序填写完整。

```
main()
{   int x=256;
    printf("%d-%d-%d\n", __【15】__ ,x/10%10,x/100);
}
```

}

16. 写出以下程序的运行结果 __【16】__ 。

```
main()
{   int a=1,b=7;
    do
    {   b=b/2;a+=b;   } while(b>1);
    printf("%d\n",a);
}
```

17. 有以下程序，程序运行输入 65<CR> 后，能否输出结果结束运行？（请回答能或不能） __【17】__ 。

```
main()
{   char c1,c2;
    scanf("%c",&c1);
    while(c1<65||c1>90) scanf("%c",&c1);
    c2=c1+32;
    printf("%c, %c\n",c1,c2);
}
```

18. 写出以下程序的运行结果 __【18】__ 。

```
main()
{   int k=1,s=0;
    do
    {   if((k%2)!=0) continue;
        s+=k;k++;
    }while(k>10);
    printf("s=%d\n",s);
}
```

19. 写出以下程序的运行结果 __【19】__ 。

```
main()
{   int i,j,sum;
    for(i=3;i>=1;i--)
    {   sum=0;
        for(j=1;j<=i;j++) sum+=i*j;
    }
    printf("%d\n",sum);
}
```

20. 写出以下程序的运行结果 __【20】__ 。

```
main()
{   int i;
```

110

```
    for(i='a';i<'f';i++,i++) printf("%c",i-'a'+'A');
    printf("\n");
}
```

练习5　数组和字符串

一、单选题

1. 以下叙述错误的是(　　)。
   A. 对于 double 型数组,不可以直接用数组名对数组进行整体输入或输出
   B. 数组名代表数组所占存储区的首地址,其值不可改变
   C. 当程序执行中,数组元素的下标超出所定义的范围时,系统将给出"下标越界"的出错信息
   D. 可以通过赋值的方式确定数组元素的个数

2. 下面有关于 C 语言字符数组的描述,其中错误的是(　　)。
   A. 不可以用赋值语句给字符数组名赋字符串
   B. 可以用输入语句把字符串整体输入给字符数组
   C. 字符数组中的内容不一定是字符串
   D. 字符数组只能存放字符串

3. 下列一维数组说明中,不正确的是(　　)。
   A. int n; scanf("%d", &n); float b[n];
   B. float a[ ]={5,4,8,7,2};
   C. #define S 10
      int a[S+5];
   D. float a[5+3], b[2*4];

4. 下列二维数组说明中,不正确的是(　　)。
   A. float a[ ][4]={0,1,8,5,9};   B. int a[5,9];
   C. #define L1 3+2   D. int a[3*4][9-5];
      float a[L1][3];

5. 下列一维数组初始化语句中,正确的是(　　)。
   A. int a[8]={ };   B. int a[9]={0,7,0,4,8};
   C. int a[5]={0,2,0,3,7,9};   D. int a[7]=7*{6};

6. 下列二维数组初始化语句中,正确的是(　　)。
   A. int a[ ][3]={8,0,7,0,3,1,2,5};
   B. int a[ ][ ]={{9,3,1},{8,4,2},{3,5,7}};
   C. float a[2][3]={{1,2},{3,4},{5,6}};
   D. float a[3][ ]={{1,2,3},{4,5,6},{7,8,9}};

7. 下列二维数组初始化语句中,不正确的是(　　)。

A. int b[ ][5]={2,9,6,0,8,7,4};
B. int b[3][5]={0,0,9};
C. int b[ ][4]={{3,9},{7,6,8},{2}};
D. int b[3][2]={(8,4),(2,1),(5,9)};

8. 下列字符数组初始化语句中,不正确的是(   )。
   A. char c[ ]= 'It is fine';   B. char c[11]="It is fine";
   C. char c[ ]={'F','i','n','e'};   D. char c[ ]={"It is fine"};

9. 下列字符数组初始化语句中,正确的是(   )。
   A. char c[ ]='motherland';   B. char c[7]={"motherland"};
   C. char c[ ]="motherland";   D. char c[12]={'motherland'};

10. 如果有初始化语句 char c[ ]="a girl",则数组的长度自动定义为(   )。
    A. 5   B. 8   C. 6   D. 7

11. 若要定义一个二维数组 c[M][N] 来存放字符串"Science"," Technology","Education" 和"Development",则常量 M 和 N 的合理取值应为(   )。
    A. 3 和 11   B. 4 和 12   C. 4 和 13   D. 3 和 12

12. 下列字符数组初始化语句中(   )个正确且与语句 char c[ ]="string";等价?
    A. char c[ ]={'s','t','r','i','n','g'};
    B. char c[ ]='string';
    C. char c[7]={ 's','t','r','i','n','g', '\0'};
    D. char c[7]={ 'string'};

13. 下列一维数组初始化语句中(   )个正确且与语句 float a[ ]={0,3,8,0,9,0};等价?
    A. float a[6]={0,3,8,0,9};   B. float a[ ]={0,3,8,0,9};
    C. float a[7]={0,3,8,0,9,0};   D. float a[5]={0,3,8,0,9};

14. 下列二维数组初始化语句中(   )个正确且与语句 float a[ ][3]={0,3,8,0,9};等价?
    A. float a[2][ ]={{0,3,8},{0,9}};
    B. float a[ ][3]={0,3,8,0,9,0};
    C. float a[ ][3]={{0,3},{8,0},{9,0}};
    D. float a[2][ ]={{0,3,8},{0,9,0}};

15. 若有说明 int a[5][4]; 则对其数组元素的正确引用是(   )。
    A. a[3+1][2*2]   B. a(2+1)(0)
    C. a[2+2,3]   D. a[2*2][3]

16. 若有说明 double b[7][6];则对其元素的非法引用是(   )。
    A. b[0][7−2]   B. b[2*2][2*3]
    C. b[3+2][3]   D. b[2*3][2*2]

17. 有定义语句 int b;char c[10];,则正确的输入语句是(   )。
    A. scanf("%d%s",&b,&c);   B. scanf("%d%s",&b,c);

C. scanf("%d%s",b,c);   D. scanf("%d%s",b,&c);

18. 若有定义和语句：char s[10];s="abcd";printf("%s\n",s);，则结果是（以下 u 代表空格）（   ）。

   A. 输出 abcd   B. 输出 a
   C. 输出 abcduuuuu   D. 编译不通过

19. 要将 0,9,16,21,24 存入数组 a 中,下列程序段中不正确的是（   ）。
   A. int a[5]; a={0,9,16,21,24};
   B. int a[5]; a[0]=0; a[1]=9; a[2]=16; a[3]=21;a[4]=24
   C. int a[5]={0,9,16,21,24};
   D. int i,a[5]; for(i=0;i<5;i++) a[i]=i*(10−i);

20. 若有说明 char c[]={'T','i','a','n','j','i','n'};，则对其元素的非法引用是（   ）。
   A. c[0]   B. c[9−6]   C. c[5+2]   D. c[2*3]

21. 若有说明 char c[]="Europe";，则对该数组元素的正确引用是（   ）。
   A. c{5−3}   B. c(3)   C. c[2*2]   D. c[3+4]

22. s1 和 s2 已正确定义并分别指向两个字符串。若要求：当 s1 所指串大于 s2 所指串时，执行语句 S;则以下选项中正确的是（   ）。
   A. if(s1>s2) S;   B. if(strcmp(s1,s2)) S;
   C. if(strcmp(s2,s1)>0) S;   D. if(strcmp(s1,s2)>0) S;

23. 若有说明 char s1[]="That girl", s2[]="is beautiful";，则使用函数 strcpy(s1,s2) 后,（   ）。
   A. s1 的内容更新为 That girl is beautiful
   B. s1 的内容更新为 is beauti\0
   C. 有可能修改 s2 中的内容
   D. s1 的内容不变

24. 设已执行预编译命令 #include <string.h>，以下程序段的输出结果是（   ）。

   char s[]="an apple";
   printf("%d\n",strlen(s));

   A. 7   B. 8   C. 9   D. 10

25. 已知字符 I 的 ASCII 码为 73,设已执行预编译命令 #include <string.h>，则运行以下程序的输出结果是（   ）。

   char s1[]="Cut In", s2[]="Cut Down";
   printf("%d\n", strcmp(s1,s2));

   A. 5   B. 73   C. −5   D. 0

26. 判断字符串 s1 是否大于字符串 s2,应该使用（   ）。
   A. if (strcmp(s1,s2))   B. if (strcmp(s1,s2)<0)
   C. if (strcmp(s2,s1)<0)   D. if (s1>s2)

27. 若有说明 char s1[30]= "The city",s2[]="is beautiful";，则在使用函数 strcat

113

(s1,s2)后,( )。

  A. s1 的内容更新为 The city is beautiful\0

  B. s1 的内容更新为 is beaut\0

  C. s1 的内容更新为 The city\0is beautiful\0

  D. s1 的内容更新为 The cityis beautiful\0

28. 设已执行预编译命令 #include <string.h>,运行下面程序段的输出结果是( )。

```
char s1[7]={'S','e','t','\0','u','p','\0'};
printf("%s",s1);
```

  A. Set   B. Setup   C. Set up   D. 'S''e''t'

29. 运行下面程序段的输出结果是( )。

```
int a[7]={1,3,5};
printf("%d\n",a[3]);
```

  A. 不确定数   B. 0   C. 5   D. 导致错误

30. 若已包括头文件<stdio.h>且有说明 char s1[5],s2[7];,要给 s1 和 s2 赋值,下列语句中正确的是( )。

  A. s1=getchar(); s2=getchar();   B. scanf("%s%s",s1,s2);

  C. scanf("%c%c",s1,s2);   D. gets(&s1);gets(&s2);

31. 若已包括头文件<stdio.h>且有说明 char s1[]="tree",s2[]="flower";,则下列输出语句中正确的是( )。

  A. printf("%s%s",s1[5],s2[7]);   B. printf("%c%c",s1,s2);

  C. puts(s1); puts(s2);   D. puts(s1,s2);

32. 若已包括头文件<stdio.h>且已有定义 char s1[7]; int i;,下列输入函数调用中含有错误的是( )。

  A. for(i=0;i<7;i++) s1[i]=getchar();

  B. gets(s1);

  C. for(i=0;i<7;i++)scanf("%c",&s1[i]);

  D. scanf("%s",&s1);

33. 若已包括头文件<stdio.h>且已有定义 char s1[9]="favorite"; int i;,下列输出函数调用中正确的是( )。

  A. for(i=0;i<9;i++) printf("%c",s1[i]);

  B. putchar(s1);

  C. for(i=0;i<9;i++) puts(s1[i]);

  D. printf("%c",s1);

34. 若已包括头文件<stdio.h>且已有定义 char str[9];,现要使 str 从键盘获取字符串"The lady",应使用( )。

  A. scanf("%s",str);

B. for(i=0;i<9;i++) getchar(str[i]);

C. gets(str);

D. for(i=0;i<9;i++) scanf("%s",&str[i]);

35. 若已包括头文件<stdio.h>且已有定义 char str[]={'a','\0','c','o','d','e','\0'}; int i;,现要输出"a code",应使用(   )。

A. puts(str);

B. for(i=0;i<6;i++) printf("%s",str[i]);

C. printf("%s",str);

D. for(i=0;i<6;i++) putchar(str[i]);

36. 若已包括头文件<stdio.h>且已有定义 char str[]={'a','\0','c','a','t','\0'};int i;,现要输出"a cat",应使用(   )。

A. for(i=0;i<6;i++) printf("%c",str[i]);

B. printf("%6s",str);

C. for(i=0;i<6;i++) putchar(str);

D. puts(str);

37. 若已包括头文件<string.h>且已有定义 char s1[8],s2={"a cock"}; int i;,现要将字符串"a cock"赋给 s1,下述语句中错误的是(   )。

A. strcpy(s1,s2);   B. strcpy(s1,"a cock");

C. s1="a cock";   D. for(i=0;i<7;i++) s1[i]=s2[i];

38. 设已包含标题文件<string.h>,在处理下述程序段时,运行结果是(   )。

```
char s1[6]="Powerpoint",s2[]="Excel";
s1=s2;
printf("%s",s1);
```

A. 编译出错   B. 运行后输出 Excelpoint

C. 运行后输出 Excel oint   D. 运行后输出 Excel

39. 设已包含标题文件<string.h>,下面程序段的运行结果是(   )。

```
char s1[]={"ancient"};
char s2[]="new";
strcpy(s1,s2);
printf("%d",strlen(s1));
```

A. 3   B. 4   C. 6   D. 7

40. 下面的程序运行时,若从键盘输入

Would you<CR>
like this<CR>
bird? <CR>

则输出 Would you like this bird? 请选择正确的选项将程序填写完整。

```
main()
{   char s1[10],s2[10],s3[10],s4[10];
    scanf("%s%s\n",s1,s2);
    (____);
    printf("%s %s %s %s",s1,s2,s3,s4);
}
```

  A. scanf("%s\n",s3);scanf("%s\n",s4)

  B. gets(s3);gets(s4)

  C. scanf("%s%s\n",s3,s4)

  D. gets(s3,s4)

41. 下面的程序用来输出两个字符串前5个字符中所有对应相等的字符及其位置号,请选择正确的选项将程序填写完整。

```
main()
{   char s1[]="appreciate", s2[]="architecture";
    int i;
    for(i=0;s1[i]!='\0'&&s2[i]!='\0'; i++)
        if(s1[i]==s2[i] && i<5)
            (____);
}
```

  A. putchar(s2[i]); putchar(i)

  B. puts(s1[i],i)

  C. printf("%c %d\n",s2[i],i)

  D. printf("%c",s1[i]); printf("%d\n",i)

42. 若希望下面的程序运行后输出25,请选择正确的选项将程序填写完整。

```
main()
{   int i,j=50,a[]={7,4,10,5,8};
    for(____)
        j+=a[i];
    printf("%d\n", j-40);
}
```

  A. i=4;i>2;--I   B. i=1;i<3;++i

  C. i=4;i>2;i--   D. i=2;i<4;++i

43. 下面的程序段运行后,输出结果是( )。

```
int i,j,x=0;
int a[8][8];
for(i=0;i<3;i++)
    for(j=0;j<3;j++)    a[i][j]=2*i+j;
for(i=0;i<8;i++)    x+=a[i][j];
printf("%d", x);
```

A. 9　　　　　　B. 不确定值　　　　C. 0　　　　　　D. 18

44. 下面程序运行后,输出结果是(　　)。

```
main()
{   char s[]="father";
    int i,j=0;
    for(i=1;i<6;i++)       if(s[j]>s[i]) j=i;
    s[j]=s[6];
    printf("%s",s);
}
```

A. f　　　　　　B. frther　　　　　C. fathrr　　　　D. fath

45. 下面程序段运行后,输出结果是(　　)。

```
int i,j,x=0;
int a[6]={2,3,4};
for(i=0,j=1;i<3&&j<4;++i,j++) x+=a[i]*a[j];
printf("%d",x);
```

A. 18　　　　　　B. 不确定值　　　　C. 25　　　　　　D. 29

二、填空题

1. 写出以下程序的输出结果　__【1】__　。

```
main()
{ int a[4][4]={{1,2,3,4},{5,6,7,8},{3,9,10,2},{4,2,9,6}};
  int i,s=0;
  for(i=0;i<4;i++) s+=a[i][2];
  printf("s=%d\n",s);
}
```

2. 写出以下程序的输出结果　__【2】__　。

```
main()
{ char c[7]={"65ab21"};
  int i,s=0;
  for(i=0;c[i]>='0'&&c[i]<'9';i+=2)
      s=10*s+c[i]-'0';
  printf("%d\n",s);
}
```

3. 写出以下程序的输出结果　__【3】__　。

```
#include<string.h>
main()
{ char a[7]="abcdef",b[4]="ABC";
  strcpy(a,b);
```

```
    printf("%c\n",a[5]);
}
```

4. 写出以下程序的输出结果 ___【4】___ 。

```
main()
{ int i,j,a[10]={2,3,4,5,6,7};
  for(i=0;i++<4;)
  { j=a[i];a[i]=a[5-i];a[5-i]=j; }
  for(i=0;i<6;i++)   printf("%d ",a[i]);
}
```

5. 下面的程序运行后输出 23，请将程序补充完整。

```
main()
{ int i,j=50,a[]={7,4,10,5,8};
  for(___【5】___)     j+=a[i];
  printf("%d\n",j-40);
}
```

6. 写出以下程序的输出结果 ___【6】___ 。

```
main()
{ int i,k=0,a[10];
  for(i=0;i<10;i++)     a[i]=i;
  for(i=0;i<4;i++)     k+=a[i]+i;
  printf("%d\n",k);
}
```

7. 以下程序的输出结果是 ___【7】___ 。

```
main()
{ int i,j,m,row,col,a[3][3]={{10,20,30},{28,72,-30},{-150,2,6}};
  m=a[0][0];
  for(i=0;i<3;i++)
     for(j=0;j<3;j++)
        if(m>a[i][j])  {m=a[i][j];row=i,col=j;}
  printf("%d,%d,%d\n",m,row,col);
}
```

8. 以下程序的输出结果是 ___【8】___ 。

```
main()
{ int i,n[]={0,0,0,0,0};
  for(i=1;i<4;i++)
  { n[i]=n[i-1]*3+1;   printf("%d ",n[i]);
  }
}
```

9. 有以下程序,运行后的输出结果是 【9】 。

```
main()
{ int i,j,n[2];
  for(i=0;i<2;i++) n[i]=0;
  for(i=0;i<2;i++)
    for(j=0;j<2;j++)
      n[j]=n[i]+1;
  printf("%d\n",n[1]);
}
```

10. 有以下程序,运行后的输出结果是 【10】 。

```
main()
{ int i,j,a[][3]={1,2,3,4,5,6,7,8,9};
  for(i=0;i<3;i++)
    for(j=i;j<3;j++)
      printf("%d",a[i][j]);
}
```

11. 有以下程序,运行后的输出结果是 【11】 。

```
main()
{ int a[3][3]={1,2,3,4,5,6,7,8,9};
  int b[3]={0},i;
  for(i=0;i<3;i++)  b[i]=a[i][2]+a[2][i];
  for(i=0;i<3;i++)  printf("%d",b[i]);
}
```

12. 以下程序用以删除字符串中所有空格,请填空。

```
main()
{ char s[100]={"I am a student!"};
  int i,j;
  for(i=j=0;s[i]!='\0';i++)
    if(s[i]!=' ') {s[j]=s[i];j++;}
  s[j]= 【12】 ;
  printf("%s",s);
}
```

13. 有以下程序,运行时从键盘输入 How are you?<CR>,则输出结果是 【13】 。

```
main()
{ char a[20]="How are you?",b[20];
  scanf("%s",b);
  printf("%s %s",a,b);
}
```

14. 以下程序,按下面指定的数据给 x 数组的下三角赋值,并按如下形式输出,请填空。

```
       4
       3   7
       2   6   9
       1   5   8   10
main()
{ int x[4][4],n=0,i,j;
  for(j=0;j<4;j++)
        for(i=3;i>=j;i--)    {n++; x[i][j]= 【14】 ;}
  for(i=0;i<4;i++)
  { for(j=0;j<=i;j++)     printf("%3d",x[i][j]);
    printf("\n");
  }
}
```

15. 以下程序运行后的输出结果是 __【15】__ 。

```
#include<string.h>
main()
{   printf("%d\n",strlen("s\n\016\0end"));
}
```

16. 下面程序运行后的输出结果是 __【16】__ 。

```
main()
{   char a[]="How do you do!";
    a[3]=0;
    printf("%s\n",a);
}
```

17. 以下程序的功能是将字符串 s 中的数字字符放入 d 数组中,最后输出 d 中的字符串。例如,输入字符串 abc123edf456gh,执行程序后输出 123456。请填空。

```
main()
{   char s[80], d[80]; int i, j;
    gets(s);
    for(i=j=0;s[i]!='\0';i++)
        if( 【17】 )  { d[j]=s[i]; j++;}
    d[j]='\0';
    puts(d);
}
```

18. 下面程序的功能是将字符数组 a 中下标值为偶数的元素从小到大排列,其他元素不变。请填空。

main()

```
{   har a[ ]="EDCBA",t;
    int i, j, k;
    k=strlen(a);
    for(i=0; i<=k-2; i+=2)
        for(j=i+2; j<k;j+=2)
            if( 【18】 )   { t=a[i]; a[i]=a[j]; a[j]=t; }
    puts(a);
    printf("\n");
}
```

19. 有以下程序,运行后的输出结果是 __【19】__ 。

```
main()
{   int a[3][3]={{1,2,-3},{0,-12,-13},{-21,23,0}};
    int i,j,s=0;
    for(i=0;i<3;i++)
    {   for(j=0;j<3;j++)
        {   if(a[i][j]<0)   continue;
            if(a[i][j]==0)      break;
            s+=a[i][j];
        }
    }
    printf("%d\n",s);
}
```

20. 以下程序运行后的输出结果是 __【20】__ 。

```
main()
{   char ch[]="abc",x[3][4];
    int i;
    for(i=0;i<3;i++)    strcpy(x[i],ch);
    for(i=0;i<3;i++)    printf("%s",&x[i][i]);
    printf("\n");
}
```

练习6　指针

一、单选题

1. 若有定义 float a＝25,b,＊p＝&b;,则下面对赋值语句 ＊p＝a;和 p＝&a;的正确解释为(　　)。

　　A. 两个语句都是将变量 a 的值赋予变量 b

　　B. ＊p＝a 是使 p 指向变量 a,而 p＝&a 是将变量 a 的值赋予变量 b

　　C. ＊p＝a 是将变量 a 的值赋予变量 b,而 p＝&a;是使 p 指向变量 a

D. 两个语句都是使 p 指向变量 a

2. 若已定义 char c, * p;,下述各程序段中能使变量 c 从键盘获取一个字符的是( )。

  A. * p=c; scanf("%c",p);   B. p=&c; scanf("%c", * p);
  C. p=&c; scanf("%c",p);   D. p= * &c; scanf("%c",p);

3. 若已定义 short int m=200, * p=&m;,设为 m 分配的内存地址为 100～101,则下述说法中正确的是( )。

  A. print("%d", * p)输出 100   B. printf("%d",p)输出 101
  C. printf("%d",p)输出 200   D. printf("%d", * p)输出 200

4. 若有定义 int a,b, * p1=&a, * p2=&b;,使 p2 指向 a 的赋值语句是( )。

  A. * p2= * &a;   B. p2=& * p1;
  C. p2=&p1;   D. * p2=&a;

5. 定义 int b=8, * p=&b;,则下面均表示 b 的地址的一组选项为( )。

  A. * &p,p,&b   B. & * p, * &b,p
  C. p, * &b,& * p   D. * p,& * b

6. 若有定义 int (* pt)[3];,则下列说法正确的是( )。

  A. 定义了基类型为 int 的 3 指针变量
  B. 定义了基类型为 int 的具有 3 个元素的指针数组 pt
  C. 定义了一个名 * pt,具有 3 个元素的整型数组
  D. 定义一个名为 pt 的指针变量,它可以指向每行有 3 个元素的二维数组

7. 若定义 int a=12,b=11, * p1, * p2;,下列四组赋值语句中,正确的一组是( )。

  A. p1=&a;p2=& * p1;b= * &p2;   B. p2=&a;p1=&b;a= * p1;
  C. p2= * &a; * p1=& * b;   D. p1=&b;p2=&p1;a= * p2;

8. 若有定义 float a,b, * p;,下述程序段中正确的是( )。

  A. p=&b; scanf("%f",p);
  B. p=&b; scanf("%f",&a); * p=&a
  C. p=&a; scanf("%f", * p);b= * p;
  D. scanf("%f",&b); * p=b;

9. 若有定义 float a,b, * p;,下述程序段中正确的是( )。

  A. a=10; * p=a;printf("f", * p);
  B. p=&b;b=12;printf("%f",p);
  C. * p=&b; b=20; printf("%f", * p);
  D. p=&a; * p=9;printf("%f", * &a);

10. 若有定义 int a[9], * p=a;,则 p+5 表示( )。

  A. 数组元素 a[5]的值   B. 数组元素 a[5]的地址
  C. 数组元素 a[6]的地址   D. 数组元素 a[0]的值加上 5

11. 若有定义 int b[5]={3,4,7,9}, * p2=b, * p1=p2;,则对数组元素 b[2]的正确

引用是( )。
　　A. &b[0]+2　　　B. *(p1+3)　　　C. *(p1+2)　　　D. *p2+2

12. 若有定义 int a[7]={12,10},*p=a;,则对数组元素 a[5]地址的非法引用为( )。
　　A. &a+5　　　B. p+5　　　C. a+5　　　D. &a[0]+5

13. 下列各程序段中,对指针变量定义和使用正确的是( )。
　　A. char s[6],*p=s; char *p1=*p; printf("%c",*p1);
　　B. int a[6],*p; p=&a;
　　C. char s[7]; char *p=s=260; scanf("%c",p+2);
　　D. int a[7],*p; p=a;

14. 若定义 int a=511,*b=&a;,则 printf("%d\n",*b);的输出结果是( )。
　　A. 无确定值　　B. a 的地址　　C. 512　　D. 511

15. 若有定义 float a,b,*p;,下述程序段中能从键盘获取实数并将其正确输出的是( )。
　　A. p=&b; scanf("%f",&p); a=b; printf("%f",a);
　　B. p=&b; scanf("%f",*p); a=*&b; printf("%f",a);
　　C. p=&a; scanf("%f",p); b=*p; printf("%f",b);
　　D. scanf("%f",&b); *p=b; printf("%f",p);

16. 若有说明 int[4][4]={8,4,5,6,9,3,7},*p=a[0];,则对数组元素 a[i][j](其中 0<=i<4,0<=j<4)的值正确引用为( )。
　　A. *(*(p+i)+j) B. *(p[i]+j)　　C. p[i*4+j]　　D. *(a[i]+j)

17. 若有说明 int a[6][3]={1,2,3,4,5,6,7,8},*p=a[0];,则对数组元素 a[i][j](其中 0<=i<6,0<=j<3)之地址的正确引用为( )。
　　A. *(p+i)+j　　B. *(a+i)+j　　C. &p[i][j]　　D. p[i]+j

18. 若有说明 int a[3][4]={3,9,7,8,5},(*p)[4];和赋值语句 p=a;,则对数组元素 a[i][j](其中 0<=i<3,0<=j<4)之值的正确引用为( )。
　　A. *(p+i)[j]　　　　　　B. *p[i][j]
　　C. *(*p[i]+j)　　　　　　D. *(*(p+i)+j)

19. 若有说明 int a[5][4],(*p)[4];和赋值语句 p=a;,则下述对数组元素 a[i][j](其中 0<=i<5,0<=j<4)的输入语句中正确的是( )。
　　A. scanf("%d",*(a[0]+i)+j);　　　B. scanf("%d",*p[i]+j);
　　C. scanf("%d",p[i][j]);　　　　　　D. scanf("%d",p[i]+j);

20. 若有说明 int b[4][3]={3,5,7,9,2,8,4,1,6},*p[4];和赋值语句 p[0]=b[0];p[1]=b[1];p[2]=b[2];p[3]=b[3];,则下述对数组元素 b[i][j](其中 0<=i<4,0<=j<3)的输出语句中不正确的是( )。
　　A. printf("%d\n",*(p[i]+j));　　　B. printf("%d\n",(*(p+i))[j]);
　　C. printf("%d\n",*(p+i)[j]);　　　D. printf("%d\n",p[i][j]);

21. 若有说明 int b[4][5],*p[4];和赋值语句 p[0]=b[0];p[1]=b[1];p[2]=

b[2];p[3]=b[3];，则对数组元素 b[i][j](其中 0<=i<4,0<=j<5)之地址的正确引用为(　　)。

  A. *p[i]+j   B. p[i]+j   C. &b[i]+j   D. &p[i]+j

22. 以下由说明和赋值语句组成的各选项中错误的是(　　)。

  A. double a[4][5],b[5][4],*p=a[0],*q=b[0];
  B. double a[4][5],b[5][4],*p=a,*q=b;
  C. float a[4][5],(*p)[4]=a[0],(*q)[5]=b[0];
  D. float a[5][4],*p[5]=a;

23. 以下由说明和赋值语句组成的各选项中正确的是(　　)。

  A. float a[5][4],*p[5]={*a,&a[1][0],a[2],*a+12,*(a+4)};
  B. double a[4][5],b[5][4],*p; p=a;b=p;
  C. static double a[3][4],(*p)[4],(*q)[4];p[0]=a[0];q=p;
  D. float a[4][5],b[5][4],(*p)[4],(*q)[5]; p=a;q=b;

24. 下面各程序段中能正确实现两个字符串交换的是(　　)。

  A. char p[]="glorious",q[]="leader",t[9];strcpy(t,p);strcpy(p,q);strcpy(q,t);
  B. char p[]="glorious",q[]="leader",*t; t=p; p=q; q=t;
  C. char *p="glorious", *q="leader", *t; t=*p; p=q; *q=t;
  D. char p[]="glorious", q[]="leader", t; int i;
    for(i=0;p[i]!='\0';i++)　{t=p[i];p[i]=q[i];q[i]=t;}

25. 若有说明 char *c[]={"European","Asian","American","African"};，则下列叙述中正确的是(　　)。

  A. *(c+1)='A'
  B. c 是一个字符型指针数组,所包含 4 个元素的初值分别为"European" "Asian" "American"和"African"
  C. c[3]表示字符串"American"的首地址
  D. c 是包含 4 个元素的字符型指针数组,每个元素都是一个字符串的首地址

26. 若有说明 char *c[]={"East","West","South","North"}; 和 char **p=c;，则语句 printf("%d",*(*p+1));的输出为(　　)。

  A. 字符 a   B. 字符 W 的地址
  C. 字符 W 的 ASCII 码   D. 字母 a 的 ASCII 码

27. 下面的程序运行后输出的结果是(　　)。

```
main()
{   int a[4][3]={2,4,6,8,10,12,14,16,18,20,22,24},(*p)[3]=a;
    printf("%d",*(*(++p+2)+1));
}
```

  A. 8   B. 16   C. 22   D. 10

28. 下面的程序先给数组 a 赋值,然后依次输出数组 a 中的 9 个元素。请选择正确的

选项填入程序空缺处。

```
main()
{   int i=0,a[9], *p=a,;
    for(;i<9;i++)  scanf("%d",p++);
    _____;
    for(;p<a+9;p++) printf("%d ",*p);
}
```

  A. p-=18   B. p-=9   C. p+=0   D. *p=a

29. 下列程序运行后,m、n 的输出值为( )。

```
main()
{   int a[]={2,5,6,9,12,11,14,17},b[]={2,4},m,n=1,*p=a,*q=b;
    p+=4;q+=1;
    m=(*(++p))%(*q++)+7;
    n+=(*q)*(*p);
    printf("%d  ",m);
    printf("%d\n",n);
}
```

  A. 7 37 B. 8 49 C. 10 不确知值 D. 45 不确知值

30. 有如下程序段,执行该程序后,a 的值为( )。

```
int *p,a=10,b=1;
p=&a;
a=*p+b;
```

  A. 12   B. 11   C. 10   D. 编译出错

31. 下面的程序运行后,输出结果是( )。

```
main()
{   int a[]={1,3,5,7,9},b[4]={2,4,6,8},*p=a,*q=b;
    p+=2;  q++;
    *p=(*q)%3+5;
    *(++q)=*(p--)-3;
    printf("%d  %d\n", *(p+1), q[0]);
}
```

  A. 7 4   B. 6 3   C. 6 5   D. 7 3

32. 下面的程序运行后,输出结果是( )。

```
main()
{   int a=7,b=8,*p,*q,*r;
    p=&a; q=&b;
    r=p; p=q; q=r;
    printf(" %d, %d, %d, %d\n",*p,*q,a,b);
}
```

A. 8,7,8,7　　　B. 7,8,7,8　　　C. 8,7,7,8　　　D. 7,8,8,7

33. 若有说明语句 double *p,a;,则能通过 scanf 语句正确给输入项读入数据的程序段是（　　）。

　　A. *p=&a; scanf("%lf",p);　　　　B. *p=&a; scanf("%lf",&p);
　　C. p=&a; scanf("%lf",*p);　　　　D. p=&a; scanf("%lf",p);

34. 设有定义 int n1=0,n2,*p=&n2,*q=&n1;,以下赋值语句中与 n2=n1;语句等价的是（　　）。

　　A. *p=*q;　　B. p=q;　　C. *p=&n1;　　D. p=*q;

35. 若有定义 int x=0,*p=&x;,则语句 printf("%d\n",*p);的输出结果是（　　）。

　　A. 随机值　　B. 0　　C. x 的地址　　D. p 的地址

36. 设已有定义 float x;,则以下对指针变量 p 进行定义且赋初值的语句中正确的是（　　）。

　　A. float *p=1024;　　　　B. int *p=(float)x;
　　C. float p=&x;　　　　　D. float *p=&x;

37. 以下程序运行后的输出结果是（　　）。

```
main()
{ int m=1,n=2,*p=&m,*q=&n,*r;
  r=p; p=q; q=r;
  printf("%d, %d, %d, %d\n",m, n, *p, *q);
}
```

　　A. 1,2,1,2　　B. 1,2,2,1　　C. 2,1,2,1　　D. 2,1,1,2

38. 设有定义 double a[10],*s=a;,以下能够代表数组元素 a[3]的是（　　）。

　　A. (*s)[3]　　B. *(s+3)　　C. *s[3]　　D. *s+3

39. 若有如下定义语句 int a[4][10],*p,*q[4];且 0≤i<4,则错误的赋值是（　　）。

　　A. p=a[i]　　B. q[i]=a[i]　　C. p=a　　D. p=&a[2][1]

40. 有如下程序,若输入 1　2　3<CR>,则输出结果是（　　）。

```
main()
{ int a[3][2]={0}, (*p)[2],i,j;
  for(i=0;i<2;i++)    {p=a+i; scanf("%d",p);}
  for(i=0;i<3;i++)
    { for(j=0;j<2;j++)    printf("%d ",a[i][j]);
      printf("\n");  }
}
```

　　A. 产生错误信息　　B. 1 2　　C. 1 0　　D. 1 0
　　　　　　　　　　　　 3 0　　　 2 0　　　 2 0
　　　　　　　　　　　　 0 0　　　 0 0　　　 3 0

41. 有如下程序,程序运行后的输出结果是(   )。

```
main()
{ int a[]={1,2,3,4,5,6,7,8,9,10,11,12},* p=a+5,* q=NULL;
  * q= * (p+5);
  printf("%d, %d\n", * p, * q);
}
```

  A. 运行后报错 B. 6,6 C. 6,11 D. 5,10

42. 有以下程序,程序运行后的输出结果是(   )。

```
main()
{ int a=[10]{1,2,3,4,5,6,7,8,9,10},* p=&a[3],* q=p+2;
  printf("%d\n", * p+ * q);
}
```

  A. 16 B. 10 C. 8 D. 6

43. 以下定义语句中正确的是(   )。

  A. char a='A', b='B'; B. float a=b=10.0;
  C. int a=10, * b=&a; D. float * a,b=&a;

44. 若指针p已正确定义,要使p指向两个连续的整型动态存储单元,不正确的语句是(   )。

  A. p=2 * (int *)malloc(sizeof(int));
  B. p=(int *)malloc(2 * sizeof(int));
  C. p=(int *)malloc(2 * 2);
  D. p=(int *)calloc(2,sizeof(int));

45. 有以下程序段,程序在执行了c=&b;b=&a;语句后,表达式**c的值是(   )。

```
main()
{ int a=5, * b,**c;
  c=&b;b=&a;
}
```

  A. 变量a的地址 B. 变量b中的值
  C. 变量a中的值 D. 变量b的地址

二、填空题

1. 写出以下程序的输出结果　【1】　。

```
main()
{ int a[]={1,2,3,4,5,6,7,8,9},* p;
  p=a;
  printf("%d\n", * p+8);
}
```

2. 下面程序的输出结果是 __【2】__ 。

```
main()
{   int a[]={1,2,3,4,5,6},*p;
    p=a+1;
    printf("%d\n",*++p);
}
```

3. 下面程序的功能是将无符号八进制数构成的字符串转换成十进制数。例如,输入字符串为"556",则输出十进制数366,请填空。

```
main()
{   char s[6],*p; int n;
    p=s;
    gets(s);
    n=*p-'0';
    while(__【3】__!=0) n=n*8+*p-'0';
    printf("%d\n",n);
}
```

4. 下面程序的功能是输出数组中最大值,由指针 s 指向该元素,请在 if 语句后填写判断表达式。

```
main()
{   int a[10]={6,7,2,9,1,10,5,4,8,3},*p,*s;
    int n;
    for(p=a,s=a;p-a<10;p++)   if(__【4】__) s=p;
    printf("max=%d\n",*s);
}
```

5. 下面程序的输出结果是 __【5】__ 。

```
main()
{   char a[]="ABCDEFG";
    char *p=&a[7];
    while(--p>&a[0])   putchar(*p);
    putchar('\0');
}
```

6. 下面程序的输出结果是 __【6】__ 。

```
main()
{   int a[]={6,7,8,9,10},*p;
    p=a;
    *(p+2)+=2;
    printf("%d,%d\n",*p,*(p+2));
}
```

7. 下面程序的输出结果是 ___【7】___ 。

```
main()
{   char a[]="programing",b[]="language",*p1,*p2;
    int i;
    p1=a;p2=b;
    for(i=0;i<7;i++)
      if(*(p1+i)==*(p2+i)) printf("%c",*(p1+i));
}
```

8. 下面程序的输出结果是 ___【8】___ 。

```
#include<string.h>
main()
{   char *s1="ABc",*s2="aBA";
    s1++;s2++;
    printf("%d\n",strcmp(s1,s2));
}
```

9. 下面程序的输出结果是 ___【9】___ 。

```
main()
{ int a[]={1,3,5,7,9,11,13,15},*p=a+5,j;
  for(j=3;j;j--)
   { switch(j)
      { case 1:
        case 2: printf("%d",*p++); break;
        case 3: printf("%d",*(--p));
      }
   }
}
```

10. 有以下程序,运行后的输出结果是 ___【10】___ 。

```
main()
{   int a[]={1,2,3,4,5,6},*k[3],i=0;
    while(i<3)
    {  k[i]=&a[2*i];
       printf("%d",*k[i]);
       i++;
    }
}
```

11. 有以下程序,运行后的输出结果是 ___【11】___ 。

```
#include<stdlib.h>
main()
```

```
{  int * a, * b, * c;
   a=b=c=(int *)malloc(sizeof(int));
   * a=1; * b=2; * c=3;
   a=b;
   printf("%d,%d,%d", * a, * b, * c);
}
```

12. 有以下程序,运行后的输出结果是 【12】 。

```
#include<string.h>
main()
{  char s1[10]="abcde!", * s2="\n123\'";
   printf("%d,%d",strlen(s1),strlen(s2));
}
```

13. 下面程序的输出结果是 【13】 。

```
main()
{  int a[5]={1,3,5,7,9}, * p,**q;
   p=a; q=&p;
   printf("%d", * (p++));
   printf("%d\n",**q);
}
```

14. 下面程序的输出结果是 【14】 。

```
main()
{  int **k, * p,a=20,b=30;
   k=&p; p=&a;p=&b;
   printf("%d,%d\n", * p,**k);
}
```

15. 下面程序的输出结果是 【15】 。

```
main()
{  int a[3][3]={1,2,3,4,5,6,7,8,9},( * p)[3]=a,i,j,k=0;
   for(i=0;i<3;i++)
      for(j=0;j<2;j++)
         k=k+ * ( * (p+i)+j);
   printf("%d\n",k);
}
```

16. 下面程序的输出结果是 【16】 。

```
main()
{  int a[]={2,4,6,8}, * p=&a[0],x=7,i,y;
   for(i=0;i<3;i++)    y=( * (p+i)<x)? * (p+i):x;
   printf("%d\n",y);
}
```

17. 下面程序的输出结果是 __【17】__ 。

```
main()
{   int a[3][3]={10,20,30,40,50,60,70,80,90},(*p)[3];
    p=a;
    printf("%d\n",*(*(p+2)+1));
}
```

18. 下面程序的输出结果是 __【18】__ 。

```
main()
{   int aa[3][3]={{1},{3},{5}};
    int i,*p=&aa[0][0];
    for(i=0;i<2;i++)
     {   if(i==0)   aa[i][i+1]=*p+1;
         else       ++p;
         printf("%d",*p);
     }
}
```

19. 下面程序的输出结果是 __【19】__ 。

```
#include<string.h>
main()
{   char str[][20]={"Tianjin","Beijing","shanghai"},*p=str;
    printf("%d\n",strlen(p+40));
}
```

20. 下面程序的输出结果是 __【20】__ 。

```
main()
{   char ch[2][5]={"1234","5678"},*p[2];
    int i,j,s=0;
    for(i=0;i<2;i++)   p[i]=ch[i];
    for(i=0;i<2;i++)
      for(j=0;p[i][j]>'\0';j+=2)   s=10*s+p[i][j]-'0';
    printf("%d\n",s);
}
```

练习7 函数

一、单选题

1. 以下叙述中,不正确的选项是(　　)。
    A. C语言程序总是从main()函数开始执行
    B. 在C语言程序中,被调用的函数必须在main()函数中定义

C. C 程序是函数的集合,包括标准库函数和用户自定义函数

D. 在 C 语言程序中,函数的定义不能嵌套,但函数的调用可以嵌套

2. C 语言中,若未说明函数的类型,则系统默认该函数的类型是(　　)。

　　A. float 型　　　　B. long 型　　　　C. int 型　　　　D. double 型

3. 若调用函数为 double 型,被调用函数定义中没有进行函数类型说明,而 return 语句中的表达式为 float 型,则被调函数返回值的类型是(　　)。

　　A. int 型　　　　　　　　　　　　B. float 型

　　C. double 型　　　　　　　　　　D. 由系统当时的情况确定

4. 以下叙述关于 return 语句叙述中正确的是(　　)。

　　A. 一个自定义函数中必须有一条 return 语句

　　B. 一个自定义函数可以根据不同情况设置多条 return 语句

　　C. 定义成 void 类型的函数中可以有带返回值的 return 语句

　　D. 没有 return 语句的自定义函数在执行结束时不能返回到调用处

5. 若函数调用时参数为基本数据类型的变量,以下叙述中,正确的是(　　)。

　　A. 实参与其对应的形参共占存储单元

　　B. 只有当实参与其对应的形参同名时才共占存储单元

　　C. 实参与其对应的形参分别占用不同的存储单元

　　D. 实参将数据传递给形参后,立即释放原先占用的存储单元

6. 以下叙述中,错误的是(　　)。

　　A. 函数未被调用时,系统将不为形参分配内存单元

　　B. 实参与形参的个数应相等,且实参与形参的类型必须对应一致

　　C. 当形参是变量时,实参可以是常量、变量或表达式

　　D. 形参可以是常量、变量或表达式

7. 以下叙述中,不正确的是(　　)。

　　A. 在同一 C 程序文件中,不同函数中可以使用同名变量

　　B. 在 main() 函数体内定义的变量是全局变量

　　C. 形式参数是局部变量,函数调用完成即刻失去意义

　　D. 若同一文件中全局和局部变量同名,则全局变量在局部变量作用范围内不起作用

8. C 程序中各函数之间可以通过多种方式传递数据,下列不能用于实现传递的方式是(　　)。

　　A. 同名的局部变量　　　　　　　B. 函数返回值

　　C. 全局变量　　　　　　　　　　D. 哑实结合

9. 调用函数时,当实参和形参都是简单变量时,它们之间数据传递的过程是(　　)。

　　A. 实参将其地址传递给形参,并释放原先占用的存储单元

　　B. 实参将其地址传递给形参,调用结束时形参再将其地址回传给实参

　　C. 实参将其值传递给形参,调用结束时形参再将其值回传给实参

　　D. 实参将其值传递给形参,调用结束时形参并不将其值回传给实参

10. 若函数调用时用数组名作为函数参数,以下叙述中,不正确的是(　　)。
    A. 实参与其对应的形参共用同一段存储空间
    B. 实参将其地址传递给形参,结果等同于实现了参数之间的双向值传递
    C. 实参与其对应的形参分别占用不同的存储空间
    D. 在调用函数中必须说明数组的大小,但在被调用函数中可以使用不定尺寸数组

11. 如果一个函数位于C程序文件的上部,在该函数体内说明语句后的复合语句中定义了一个变量,则该变量(　　)。
    A. 为全局变量,在本程序文件范围内有效
    B. 为局部变量,只在该函数内有效
    C. 为局部变量,只在该复合语句中有效
    D. 定义无效,为非法变量

12. 以下叙述中,不正确的是(　　)。
    A. 使用static float a;定义的外部变量存放在内存中的静态存储区
    B. 使用float b;定义的外部变量存放在内存中的动态存储区
    C. 使用static float c;定义的内部变量存放在内存中的静态存储区
    D. 使用float d;定义的内部变量存放在内存中的动态存储区

13. 若在一个C源程序文件中定义了一个允许其他源文件引用的实型外部变量a,则在另一文件中可使用的引用说明是(　　)。
    A. extern static float a;   B. float a;
    C. extern atuo float a;   D. extern float a;

14. 若定义函数float *func1(),则函数func1的返回值为(　　)。
    A. 一个实数   B. 一个指向实型变量的指针
    C. 一个指向实型函数的指针   D. 一个实型函数的入口地址

15. 以下叙述中正确的是(　　)。
    A. 局部变量说明为static存储类,其生存期将得到延长
    B. 全局变量说明为static存储类,其作用域将得到扩大
    C. 任何存储类的变量在未赋初值时,其值都是不确定的
    D. 形参可以使用的存储类说明符与局部变量完全相同

16. 若程序中定义了以下函数 double myadd(double a, double b){return a+b;}并将其放在调用语句之后,则在调用之前应对该函数进行说明,以下选项中错误的是(　　)。
    A. double myadd(double a,b);
    B. double myadd(double a,double);
    C. double myadd(double b,double a);
    D. double myadd(double x,double y);

17. 以下程序的运行结果是(　　)。

void f(int v, int w)

```
{   int t;
    t=v; v=w; w=t;
}
main()
{   int x=1,y=3,z=2;
    if(x>y)   f(x,y);
    else if(y>z)   f(y,z);
    else   f(x,z);
    printf("%d,%d,%d\n",x,y,z);
}
```

A. 1,2,3   B. 3,1,2   C. 1,3,2   D. 2,3,1

18. 以下程序运行后的输出结果为(　　)。

```
int * f(int * x, int * y)
{   if(* x< * y)   return x;
    else      return y;
}
main()
{   int a=7,b=8, * p, * q, * r;
    p=&a; q=&b;
    r=f(p,q);
    printf("%d,%d,%d\n", * p, * q, * r);
}
```

A. 7,8,8   B. 7,8,7   C. 8,7,7   D. 8,7,8

19. 以下程序运行后的输出结果是(　　)。

```
fun(int a, int b)
{   if(a>b)   return a;
    else   return b;
}
main()
{   int x=3,y=8,z=6,r;
    r=fun(fun(x,y),2 * z);
    printf("%d\n",r);
}
```

A. 3   B. 6   C. 8   D. 12

20. 以下程序的输出结果是(　　)。

```
int d=1;
fun(int p)
{   static int d=5;
    d+=p;
    printf("%d ",d);
```

```
            return(d);
    }
main()
{   int a=3;      printf("%d \n",fun(a+fun(d)));  }
```
  A. 6 9 9　　　　　　B. 6 6 9　　　　　　C. 6 15 15　　　　　　D. 6 6 15

21. void　＊fun()；，此说明的含义是(　　)。

  A. fun()无返回值

  B. fun()函数的返回值可以是任意的数据类型

  C. fun()函数的返回值是无值型的指针类型

  D. 指针 fun 指向一个函数，该函数无返回值

22. 有以下程序，执行后的输出结果是(　　)。

```
void fun(char * c, int d)
{  * c= * c+1; d=d+1;
   printf("%c,%c, ", * c,d);
}
main()
{   char x='a', y='A';
    fun(&x, y);
    printf("%c,%c\n", x,y);
}
```

  A. b,B,b,A　　　　　B. b,B,B,A　　　　　C. a,B,b,a　　　　　D. a,B,a,B

23. 以下叙述正确的是(　　)。

  A. 构成 C 程序的基本单位是函数

  B. 可以在函数中定义另一个函数

  C. main()函数必须放在其他函数之前

  D. 所有被调用的函数一定要在调用之前进行定义

24. 以下叙述正确的是(　　)。

  A. C 语言程序是由过程和函数组成的

  B. C 语言函数可以嵌套调用，例如 fun(fun(x))

  C. C 语言函数不可以单独编译

  D. C 语言除了 main()函数，其他函数不可以作为单独文件形式存在

25. 以下程序的执行结果是(　　)。

```
char fun(char x, char y)
{   if(x>y)    return y;   }
main()
{   char a='9', b='8', c='7';
    printf("%c\n",fun(fun(a,b),fun(b,c)));
}
```

  A. 函数调用出错　　B. 8　　　　　　　C. 9　　　　　　　　D. 7

26. 有以下程序,执行后输出结果是( )。

```
void f(int v, int w)
{   int t;
    t=v;v=w;w=t;
}
main()
{   int x=1,y=3,z=2;
    if(x>y)    f(x,y);
    else if   (y>z) f(y,z);
    else       f(x,z);
    printf("%d,%d,%d\n",x,y,z);
}
```

A. 1,2,3   B. 3,1,2   C. 1,3,2   D. 2,3,1

27. 设函数 fun()的定义形式为

void fun(char ch, float x) { … }

则以下对函数 fun()的调用语句中,正确的是( )。

    A. fun("abc",3.0);   B. t=fun('D',16.5);
    C. fun('65',2.8);   D. fun(32,32);

28. 有以下程序,执行后的输出结果是( )。

```
fun(int x, int y)
{   return(x+y); }
main()
{   int a=1,b=2,c=3,sum;
    sum=fun((a++, b++, a+b), c++);
    printf("%d\n",sum);
}
```

A. 6   B. 7   C. 8   D. 9

29. 有以下程序,执行后的输出结果是( )。

```
void fun(int p)
{   int d=2;
    p=d++;
    printf("%d", p);}
main()
{   int a=1;
    fun(a);
    printf("%d\n", a);
}
```

A. 32   B. 12   C. 21   D. 22

30. 已定义以下函数,fun 函数返回值是( )。

· 136 ·

```
int fun(int * p)
{   return * p;   }
```

    A. 不确定的值   B. 一个整数

    C. 形参 P 中存放的值   D. 形参 P 的地址值

二、填空题

1. 写出以下程序的输出结果 __【1】__ 。

```
int mult(int x,int y)
{   return x+y;}
main()
{   int a=100,b=10,c;
    c=mult(a,b);
    printf("%d+%d=%d\n",a,b,c);
}
```

2. 下面程序的输出结果是 __【2】__ 。

```
void prt(int * x)
{   printf("%d\n",++ * x);}
main()
{   int a=5;
    prt(&a);
}
```

3. 写出以下程序的输出结果 __【3】__ 。

```
int func(int a,int b)
{   static int m=0,i=2;
    i+=m+1;
    m=i+a+b;
    return m;
}
main()
{   int k=4,m=1,p;
    p=func(k,m);   printf("%d  ",p);
    p=func(k,m);   printf("%d\n",p);
}
```

4. 下面程序的输出结果是 __【4】__ 。

```
int d=1;
int fun(int p)
{   static int d=5;
    d+=p;
    return d;
```

}
main()
{   int a=3;
    printf("%d\n",fun(a+fun(d)));
}

5. 下面程序的输出结果是 __【5】__ 。

int t(int x, int y, int c, int d)
{   c=x*x+y*y;
    d=x*x-y*y;
}
main()
{   int a=4,b=3,c=5,d=6;
    t(a,b,c,d);
    printf("%d,%d\n",c,d);
}

6. 下面程序的输出结果是 __【6】__ 。

int t(int x, int y, int * c, int * d)
{   * c=x*x+y*y;
    * d=x*x-y*y;
}
main()
{   int a=4,b=3,c=5,d=6;
    t(a,b,&c,&d);
    printf("%d,%d\n",c,d);
}

7. 下面程序的输出结果是 __【7】__ 。

void fun (int s[], int n1, int n2)
{   int i, j;
    i=n1; j=n2;
    while(i<j)
    {   * (s+i)+= * (s+j);
        * (s+j)+= * (s+i);
        i++; j--;
    }
}
main()
{   int a[6]={1,2,3,4,5},i, * p=a;
    fun(p,0,2);   fun(p,1,3);   fun(p,2,4);
    for(i=0;i<5;i++) printf("%d ", * (a+i));
    printf("\n");
}

8. 写出以下程序的输出结果 【8】 。

```
int fun (int u, int v)
{   int w;
    while(v)
    {   w=u%v;u=v;v=w;}
    return u;
}
main()
{   int a=28,b=16,c;
    c=fun(a,b);
    printf("%d\n",c);
}
```

9. 下面程序的输出结果是 【9】 。

```
int fun (int p)
{   int d=4;
    d+=p++;
    printf("%d ",d);
}
main()
{   int a=3,d=1;
    fun(a);
    d+=a++;
    printf("%d\n",d);
}
```

10. 下面程序的输出结果是 【10】 。

```
void fun (int * a, int b[])
{   b[0]= * a+5;      }
main()
{   int a,b[5];
    a=0;b[0]=3;
    fun(&a,b);
    printf("%d\n",b[0]);
}
```

11. 下面程序的输出结果是 【11】 。

```
int fun (char * s)
{   char * p=s;
    while(*p!='\0') p++;
    return p-s;
}
```

```
main()
{  printf("%d\n",fun("abcdefgh"));  }
```

12. 以下程序的功能是通过函数 fun() 输入字符并统计输入字符的个数。输入时用字符@作为结束标志。请将程序填写完整。

```
int fun ()
{  int n;
   for(n=0;  【12】  ;n++);
   return n;
}
main()
{  int m;
   m=fun();
   printf("%d\n",m);
}
```

13. 下面程序的输出结果是 __【13】__ 。

```
#define N 5
int fun (int * s,int a,int n)
{  int j;
   * s=a;j=n;
   while(a!=s[j]) j--;
   return j;
}
main()
{  int s[N+1],k;
   for(k=1;k<=N;k++) s[k]=k+1;
   printf("%d\n",fun(s,4,N));
}
```

14. 写出下面程序的输出结果 __【14】__ 。

```
int fun (int x)
{  static int a=0;
   return a+=x;
}
main()
{  int s,k;
   for(k=1;k<=6;k++) s=fun(k);
   printf("%d\n",s);
}
```

15. 写出下面程序的运行结果 __【15】__ 。

```
int * f (int * p, int * q)
```

```
{ return (*p>*q)? p:q; }
main()
{ int m=3,n=2,*k=&m;
  k=f(k,&n);
  printf("%d\n",*k);
}
```

16. 有以下程序，程序运行后输入 ABCDE<CR>，则输出结果是 ___【16】___。

```
int fun (char *s)
{ char t;
  int n,i;
  n=strlen(s);   t=s[n-1];
  for(i=n-1;i>0;i--) s[i]=s[i-1];
  s[0]=t;
}
main()
{ char s[50];
  scanf("%s",s);
  fun(s);
  printf("%s\n",s);
}
```

17. 写出下面程序的运行结果 ___【17】___。

```
int fun (int *a)
{ a[0]=a[1]; }
main()
{ int a[10]={5,4,3,2,1},i;
  for(i=2;i>=0;i--) fun(&a[i]);
  for(i=0;i<5;i++) printf("%d",a[i]);
}
```

18. 写出下面程序的运行结果 ___【18】___。

```
int fun (int x)
{ if(x/2>0) fun(x/2);
  printf("%d ",x);
}
main()
{ fun(5); printf("\n"); }
```

19. 写出下面程序的运行结果 ___【19】___。

```
void fun2(char a, char b)
{ printf("%c %c ",a,b); }
char a='A',b='B';
void fun1()
```

```
{   a='C';      b='D';  }
main()
{   fun1();
    printf("%c %c ",a,b);
    fun2('E','F');
}
```

20. 写出下面程序的运行结果 ___【20】___ 。

```
int fun1(double a)
{   return a*=a;   }
int fun2(double x,double y)
{   double a=0,b=0;
    a=fun1(x);    b=fun1(y);
    return (int)(a+b);
}
main()
{   double w;
    w=fun2(1.2,3.0);
    printf("%lf\n",w);
}
```

练习8 复合数据类型

一、单选题

1. 当定义一个结构体变量时,系统分配给它的内存空间是(　　)。
   A. 结构中一个成员所需的内存量
   B. 结构中最后一个成员所需的内存量
   C. 结构体中占内存量最大者所需的容量
   D. 结构体中各成员所需内存量的总和

2. 若有以下的说明,对初值中整数2的正确引用方式是(　　)。

```
static struct
{   char ch;
    int i;
    double x;
} a[2][3]={{'a',1,3.45,'b',2,7.98,'c',3,1.93},{'d',4,4.73,'e',5,6.78,'f',6,8.79}};
```

   A. a[1][1].i   B. a[0][1].i   C. a[0][0].i   D. a[0][2].i

3. 根据以下定义,能打印字母M的语句是(　　)。

```
struct p
{   char name[9];
```

    int age;
} c[10]={"John",17,"Paul",19,"Mary",18,"Adam",16};

    A. printf("%c",c[3].name);　　　　　B. printf("%c",c[3].name[1]);
    C. printf("%c",c[2].name);　　　　　D. printf("%c",c[2].name[0]);

4. 若有以下说明和语句,已知 int 型数据占 2B 空间,则以下语句的输出结果是( )。

struct st
{ char a[10];
　int b;
　double c;
};
printf("%d",sizeof(struct st));

    A. 0　　　　　　　B. 8　　　　　　　C. 20　　　　　　　D. 2

5. 若有以下说明和语句,则对结构体变量 std 中成员 id 的引用方式不正确的是( )。

struct work
{ int id;
　int name;
}std, * p;
p=&std;

    A. std.id　　　　B. *p.id　　　　C. (*p).id　　　　D. p—>id

6. 有以下程序,执行时的输出是( )。

struct key
{ char * word;
　int count;
} k[10]={"void",1,"char",3,"int",5,"float",7,"double",9};
main()
{ printf("%c,%d,%s\n",k[3].word[0],k[1].count,k[1].word); }

    A. v,1,void　　　B. f,3,char　　　C. f,5,double　　　D. d,5,float

7. 设有如下定义,若要使 px 指向 rec 中的 x 域,正确的赋值语句是( )。

struct aa
{ int x;
　float y;
}rec, * px;

    A. *px=rec.x;　　　　　　　　　　B. px=&rec.x;
    C. px=(struct aa *)rec.x;　　　　　D. px=(struct aa *)&rec.x

8. 下列程序的输出结果是( )。

```
main()
{   struct date { int y,m,d; };
    union
    {   long i;
        int k;
        char ii;
    }mix;
    printf("%d,%d\n",sizeof(struct date),sizeof(mix));
}
```

  A. 6,2   B. 6,4   C. 8,4   D. 8,6

9. 设有以下结构体定义,若要对结构体变量 p 的出生年份进行赋值,下面正确的语句是(　　)。

```
struct date
{   int y;
    int m;
    int d;
}p;
struct worklist
{   char name[20];
    char sex;
    struct date birthday;
}p;
```

  A. y=1976   B. birthday.y=1976;
  C. p.birthday.y=1976;   D. p.y=1976;

10. 若有以下说明语句,则对字符串"li ning"的错误引用方式是(　　)。

```
struct p
{   char name[20];
    int age;
    char sex;
}a={"li ning",20,'m'}, *p=&a;
```

  A. (*p).name   B. p.name   C. a—>name   D. p—>name

11. 当说明一个共用体(联合)变量时,系统分配给它的内存为(　　)。
  A. 共用体中的一个成员所需的内存量
  B. 共用体中最后一个成员所需的内存量
  C. 共用体中占内存量最大者所需的容量
  D. 共用体中各成员所需内存量的总和

12. 设有以下说明,则下面不正确的叙述是(　　)。

```
union data
{   int i;
```

        char c;
        float f;
}a;

  A. a 所占的内存长度等于成员 f 的长度

  B. a 的地址和它的各成员地址都是同一地址

  C. a 不能作为函数参数

  D. 不能对 a 赋值,但可以在定义 a 时对它初始化

13. 下面程序的运行结果是(　　)。

```
main()
{   union u
    {   char * name;
        int age;
        int income;
    }s;
    s.name="WANGLING";
    s.age=28;
    s.income=1000;
    printf("%d\n",s.age);
}
```

  A.　　　　　　B. 1000　　　　　　C. 0　　　　　　D. 不确定

14. 已知字符 0 的 ASCII 码为十六进制的 30,下面程序的输出为(　　)。

```
main()
{   union
    {   unsigned char c;
        unsigned int a[4];
    } z;
    z.a[0]=0x39;
    z.a[1]=0x36;
    printf("%c\n",z.c);
}
```

  A. 6　　　　　　B. 9　　　　　　C. 0　　　　　　D. 3

15. 若已定义以下共用(联合)体数据类型,执行语句 x.a＝3;x.b＝4;y.b＝x.a＊2;后,则 y.a 的值为(　　)。

```
union
{   int a;
    int b;
}x,y;
```

  A. 3　　　　　　B. 4　　　　　　C. 6　　　　　　D. 8

16. 下面程序的输出结果是(　　)。

```
typedef union
{    long x[2];
     int y[4];
     char z[8];
}MYTYPE;
MYTYPE them;
main()
{    printf("%d\n",sizeof(them));    }
```
  A. 32   B. 16   C. 8   D. 4

17. 运行以下程序后，全局变量 t.x 和 t.s 的正确结果是（   ）。

```
struct tree
{    int x;
     char * s;
}t;
fun(struct tree t)
{    t.x=10;
     t.s="here";
     return 0;
}
main()
{    t.x=1;
     t.s="there";
     fun(t);
     printf("%d,%s\n",t.x,t.s);
}
```
  A. 0，here   B. 1，there   C. 1，here   D. 10，there

18. 运行下列程序段，输出结果是（   ）。

```
struct country
{    int num;
     char name[20];
}x[5]={1,"China",2,"USA",3,"France",4,"England",5,"Spanish"};
struct country * p;
p=x+3;
printf("%d,%c",p->num,(*p).name[2]);
```
  A. 3，a   B. 4，g   C. 2，U   D. 5，S

19. 在以下程序段中，已知 int 型数据占 2B 空间，则输出结果是（   ）。

```
union un
{    int i;
     double y;
};
```

· 146 ·

```
struct st
{   char a[10];
    union un b;
};
printf("%d",sizeof(struct st));
```

    A. 14   B. 18   C. 20   D. 16

20. 下列程序段运行后,输出结果是(　　)。

```
struct s
{   int n;
    int *m;
} *p;
int d[5]={10,20,30,40,50};
struct s arr[5]={100,&d[0],200,&d[1],300,&d[2],400,&d[3],500,&d[4]};
main()
{   p=arr;
    printf("%d,",++p->n);
    printf("%d,",(++p)->n);
    printf("%d\n",++(*p->m));
}
```

    A. 101,200,21   B. 101,20,30   C. 200,101,21   D. 101,101,10

21. 定义以下结构体数组,执行语句 printf("%d,%c",c[2].age,*(c[3].name+2));后,输出结果为(　　)。

```
struct st
{   char name[20];
    int age;
}c[10]={"zhang",16,"Li",17,"Ma",18,"Huang",19};
```

    A. 17,I   B. 18,M   C. 18,a   D. 18,u

22. 若定义以下结构体数组,执行 for(i=1;i<5;i++) printf("%d%c",x[i].num,x[i].name[2]);后的输出结果为(　　)。

```
struct contry
{   int num;
    char name[20];
}x[5]={1,"China",2,"USA",3,"France",4,"Englan",5,"Spanish"};
```

    A. 2A3a4g5a   B. 1S2r3n4p   C. 1A2a3g4a   D. 2A3n4l5n

23. 以下叙述错误的是(　　)。

    A. 可以通过 typedef 增加新的类型

    B. 可以用 typedef 将已存在的类型用一个新名字来代表

    C. 用 typedef 定义新类型名后,原有的类型名仍有效

    D. 用 typedef 可以为各种类型起别名,但不能为变量起别名

24. 下面的结构体变量定义语句中,错误的是(　　)。

　　A. struct ord {int x; int y; int z;}; struct ord a;

　　B. struct ord {int x; int y; int z;} struct ord a;

　　C. struct ord {int x; int y; int z;} a;

　　D. struct {int x; int y; int z;} a;

25. 有如下程序,程序运行后的输出结果是(　　)。

```
struct A{int a; char b[10]; double c;};
struct A f(struct A t);
main()
{ struct A a={1001,"ZhangDa",1098.0};
   a=f(a);   printf("%d,%s,%6.1f\n",a.a,a.b,a.c);
}
struct A f(struct A t)
{ t.a=1002;   strcpy(t.b,"ChangRong");   t.c=1202.0;
   return t;
}
```

　　A. 1001,ZhangDA,1098.0　　　　　　B. 1002,zZhangDa,1202.0

　　C. 1002,ChangRong,1202.0　　　　　D. 1001,ChangRong,1202.0

26. 设有以下定义,则以下赋值语句中错误的是(　　)。

```
struct  cpmplex
{int real, unreal;} data1={1,8},data2;
```

　　A. data2＝data1;　　　　　　　　　B. data2＝{2,6};

　　C. data2.real＝data1.real;　　　　　D. data2.real＝data1.unreal;

27. 有如下程序,程序运行后的输出结果是(　　)。

```
struct A{int a; char b[10]; double c;};
void f(struct A t);
main()
{ struct A a={1001,"ZhangDa",1098.0};
   f(a);   printf("%d,%s,%6.1f\n",a.a,a.b,a.c);
}
void f(struct A t)
{ t.a=1002;   strcpy(t.b,"ChangRong");   t.c=1202.0;}
```

　　A. 1001,ZhangDA,1098.0　　　　　　B. 1002,ZhangDa,1202.0

　　C. 1001,ChangRong,1098.0　　　　　D. 1002,ZhangDa,1202.0

28. 设有以下定义和语句,能给 w 中成员 year 赋 1980 的语句是(　　)。

```
struct works
{   int num, char name[20]; char c;
    struct {int day; int month; int year;}s;
```

};
struct works w, * pw;
pw=&w;

  A. * pw.year＝1980；   B. w.year＝1980；
  C. pw－＞year＝1980；   D. w.s.year＝1980；

29. 以下关于 C 语言数据类型使用叙述中,错误的是( )。
  A. 若要准确无误差的表示自然数,应使用整数类型
  B. 若要保存带有多位小数的数据,应使用双精度类型
  C. 若要处理如"人员信息"等含有不同类型的相关数据,应定义结构体类型
  D. 若只处理"真"和"假"两种逻辑值,应使用逻辑类型

30. 有以下程序,程序运行后的输出结果是( )。

```
main()
{ int a=2,b=2,c=2;
  printf("%d\n",a/b&c);
}
```

  A. 0   B. 1   C. 2   D. 3

二、填空题

1. 写出以下程序的输出结果 __【1】__ 。

```
main()
{  struct stu
   {   long a;
       char b[8];
       int c;
   } x;
   printf("%ld\n",sizeof(x));
}
```

2. 写出以下程序的输出结果 __【2】__ 。

```
main()
{  union stu
   {   long a;
       char b[8];
       int c;
   } x;
   printf("%ld\n",sizeof(x));
}
```

3. 写出以下程序的输出结果 __【3】__ 。

typedef struct

```
{   long a;
    char b[8];
    int c;
    union u
    {   char u1[4];
        int u2[2];
    }ua;
} NEW;
main()
{   NEW x;
    printf("%ld\n",sizeof(x));
}
```

4. 下面程序的输出结果是 __【4】__ 。

```
main()
{   struct student
    {   long num;
        char name[8];
        float score;
    }stud[2]={{20010001,"lijun",80.0},{20010002,"liyun",90.0}};
    printf("%s,%f\n",stud[0].name,stud[0].score);
}
```

5. 下面程序的输出结果是 __【5】__ 。

```
main()
{   struct student
    {   long num;
        char name[8];
        float score;
    }stud[3]={{20010001,"lijun",80.0},{20010002,"liyun",90.0},{20010003,
              "lija",70.0}};
    printf("%ld,%f\n",stud[1].num,stud[2].score);
}
```

6. 写出以下程序的输出结果 __【6】__ 。

```
main()
{   struct student
    {   long num;
        char name[8];
        float score;
    }stud[3]={{20010001,"lijun",80.0},{20010002,"liyun",90.0},{20010003,
"wuja",70.0}};
    printf("%ld,%c\n",stud[0].num,stud[2].name[0]);
}
```

7. 已知字符 0 的 ASCII 值十进制为 48,十六进制为 30H,则下面下程序的运行结果是 ____【7】____。

```
main()
{   union
    {   char c;
        int a[4];
    }z;
    z.a[0]=0x38;
    z.a[1]=0x39;
    printf("%c\n",z.c);
}
```

8. 写出以下程序的输出结果 ____【8】____。

```
struct stu
{   int a,b;
    char c[10];};
void fun(struct stu *p)
{   p->a+=p->b;
    p->c[1]='x';
}
main()
{   struct stu x;
    x.a=10;   x.b=100;
    strcpy(x.c,"abcd");
    fun(&x);
    printf("%d,%d,%s\n",x.a,x.b,x.c);
}
```

9. 下面程序的输出结果是 ____【9】____。

```
struct stu
{   int a,b;
    char c[10];};
void fun(struct stu p)
{   p.a+=p.b;
    p.c[2]='x';
}
main()
{   struct stu x;
    x.a=10;   x.b=100;
    strcpy(x.c,"abcd");
    fun(x);
    printf("%d,%d,%s\n",x.a,x.b,x.c);
}
```

10. 下面程序的输出结果是 ___【10】___ 。

```
typedef struct stu
{   int num;
    double s;
} REC;
void fun(REC p)
{   p.num=23;
    p.s=88.5;
}
main()
{   REC a={15,90.5};
    fun(a);
    printf("%lf\n",a.s);
}
```

11. 下面程序的输出结果是 ___【11】___ 。

```
typedef struct stu
{   int num;
    double s;
} REC;
void fun(REC *p)
{   p->num=25;
    p->s=88.5;
}
main()
{   REC a={15,90.5},*r=&a;
    fun(r);
    printf("%d\n",a.num);
}
```

12. 下面程序的输出结果是 ___【12】___ 。

```
struct stu
{   int a;
    char s[10];
    double c;
} REC;
void fun(struct stu *p)
{   strcpy(p->s,"lijun");
    p->a=1002;
}
main()
{   struct stu x={1001,"wanja",980.5};
    fun(&x);
```

```
        printf("%d,%s,%5.1f\n",x.a,x.s,x.c);
}
```

13. 下面程序的功能是将 3 个 NODE 类型的变量链接成一个简单的链表,并输出链表结点数据域中的数据,在画线上填写正确的内容。

```
typedef struct node
{   int data;
    struct node * next;
} NODE;
main()
{   NODE a,b,c, * h, * p;
    a.data=50;   b.data=60;   c.data=70;
    h=&a;
    a.next=&b; b.next=&c; c.next=0;
    p=h;
    while(p)
    {   printf("%d ",p->data);   【13】   ;   }
}
```

14. 有以下程序,程序运行后的输出结果是 ___【14】___ 。

```
struct STU
{   char name[10];
    int num;
    float TotalScore;
};
void fun(struct STU * p)
{   struct STU s[2]={{"SunDan",20044,550},{"Penghua",20045,537}}, * q=s;
    ++p;   ++q;   * p= * q;
}
main()
{   struct STU   s[3]={{"YangSan",20041,703},{"LiSiGuo",20042,580}};
    fun(s);
    printf("%s %d %3.0f\n",s[1].name,s[1].num,s[1].TotalScore);
}
```

15. 有以下程序,程序运行后的输出结果是 ___【15】___ 。

```
struct STU
{   int num;
    float score;
};
void fun(struct STU   p)
{   struct STU s[2]={{20041,700.0},{20045,537.0}};
    p.num=s[1].num;   p.score=s[1].score;
}
```

```
main()
{   struct STU s[2]={{20041,700.0},{20042,580.0}};
    fun(s[0]);
    printf("%d %3.0f\n",s[0].num,s[0].score);
}
```

16. 有以下程序，程序运行后的输出结果是 __【16】__ 。

```
struct STU
{   char  name[10];
    int num;
};
void fun(char * name, int num)
{   struct STU s[2]={{"SunDan",20044},{"Penghua",20045}};
    num=s[0].num;
    strcpy(name,s[0].name);
}
main()
{   struct STU s[2]={{"YangSan",20041},{"LiSiGuo",20042}}, * p;
    p=&s[1];   fun(p->name,p->num);
    printf("%s, %d\n",p->name,p->num);
}
```

17. 下面程序的输出结果是 __【17】__ 。

```
typedef struct student
{   char name[10];
    long sno;
    float score;
} STU;
main()
{   STU a={"Zhangsan ",2001,95 },
        b={"Shanxian", 2002,90},
        c={"Anhua",2003,95},d,    * p=&d;
    d=a;
    if(strcmp(a.name,b.name)>0) d=b;
    if(strcmp(c.name,d.name)>0) d=c;
    printf("%ld %s\n",d.sno,p->name);
}
```

18. 下面程序的输出结果是 __【18】__ 。

```
struct st
{   int x;
    int * y;
} * p;
int dt[4]={20,30,40,50};
```

```
struct st aa[4]={ 50,&dt[0],60,&dt[1],70,&dt[2],80,&dt[3] };
main()
{  p=aa;
   printf("%d  ", ++p->x);
   printf("%d  ", (++p)->x);
   printf("%d\n", ++(*p->y));
}
```

19. 以下函数 creatlist() 用来建立一个带头结点的单向链表，新生成的结点总是插入链表的末尾，单向链表的头指针作为函数值返回，在画线处填上正确的内容。

```
struct node
{  int data;
   struct node * next;
};
struct node * creatlist()
{  struct node * h, * p, * q;
   int a;
   h=(struct node *)malloc(sizeof(struct node));
   p=q=h;
   printf("input data: ");
   scanf("%d",&a);
   while(a!=0)
   {  p=(struct node *)malloc(sizeof(struct node));
      p->data=a;   q->next=p;   q=p;
      scanf("%d",&a);
   }
   p->next=NULL;
     【19】  ;
}
main()
{  struct node * head;
   head=creatlist();
}
```

20. 下面程序的输出结果是 __【20】__ 。

```
union myunion
{  struct
     {   int a,b,c;   } u;
   int k;
}x;
main()
{  x.u.a=4;    x.u.b=5;
   x.u.c=6;    x.k=1;
   printf("%d\n",x.u.a);
}
```

练习 9　文件

一、单选题

1. 下列关于 C 语言的叙述中正确的是(　　)。
   A. 文件由一系列数据依次排列组成,只能构成二进制文件
   B. 文件由结构系列组成,可以构成二进制文件或文本文件
   C. 文件由数据序列组成,可以构成二进制文件或文本文件
   D. 文件由字符序列组成,其类型只能是文本文件

2. 以下叙述错误的是(　　)。
   A. C 语言中,对二进制文件访问速度比文本文件快
   B. C 语言中,随机文件以二进制代码形式存储数据
   C. 语句 FILE fp;定义了一个名为 fp 的文件指针
   D. C 语言中的文本文件以 ASCII 码形式存储数据

3. C 语言可处理的文件类型是(　　)。
   A. 文本文件和数据文件　　　　　B. 文本文件和二进制文件
   C. 数据文件和二进制文件　　　　D. 以上答案都不完全

4. C 语言文件的存取方式(　　)。
   A. 只能顺序存取　　　　　　　　B. 只能随机存取(或称直接存取)
   C. 可以顺序存取,也可随机存取　D. 只能从文件的开头进行存取

5. 下列关于 C 语言数据文件的叙述中正确的是(　　)。
   A. 文件由 ASCII 码字符序列组成,C 语言只能读写文本文件
   B. 文件由记录序列组成,可按数据的存放形式分为二进制文件和文本文件
   C. 文件由数据流形式组成,可按数据的存放形式分为二进制文件和文本文件
   D. 文件由二进制数据序列组成,C 语言只能读写二进制文件

6. 在 C 语言中,将内存中的数据写入文件,称为(　　)。
   A. 输入　　　　B. 输出　　　　C. 修改　　　　D. 删除

7. C 语言中系统的标准输入文件是指(　　)。
   A. 键盘　　　　B. 显示器　　　C. 软盘　　　　D. 硬盘

8. 以下叙述中正确的是(　　)。
   A. 打开一个已存在的文件并进行了写操作后,原有文件中的全部数据必定被覆盖
   B. 在一个程序中当对文件进行了写操作后,必须先关闭该文件然后再打开,才能读到第 1 个数据
   C. 当对文件的读写操作完成之后,必须将它关闭,否则可能导致数据丢失
   D. C 语言中的文件是流式文件,因此只能顺序存取数据

9. 若 fp 是指向某文件的指针,且已读到文件的末尾,则 C 语言函数 feof(fp)的返回值是(　　)。

A. EOF　　　　　　B. —1　　　　　　C. 非 0 值　　　　　D. NULL

10. 以下程序将一个名字为 f1.txt 的文本文件复制为一个名为 f2.txt 的文件,选择正确的答案填入程序空白处。

```
main()
{   char c;
    FILE * fp1, * fp2;
    fp1=fopen("f1.txt",_____);
    fp2=fopen("f2.txt","w");
    c=fgetc(fp1);
    while(c!=EOF)
    {   fputc(c,fp2);   c=fgetc(fp1);   }
    fclose(fp1);
    fclose(fp2);
}
```

A. "a"　　　　　　B. "ab"　　　　　　C. "rb+"　　　　　D. "r"

11. 下面程序从键盘输入字符存放到文件中,输入以字符"♯"结束,文件名由键盘输入,选择正确的答案填入程序空白处。

```
main()
{   FILE * fp;
    char ch, fname[20];
    printf("\nplease input name of file:");   gets(fname);
    if((fp=fopen(fname,"w"))==NULL)
    {   printf("can not open the file!");
        exit(0);
    }
    printf("\n please enter string:");
    while((ch=getchar())!='#')   _____;
    fclose(fp);
}
```

A. fputc(ch,fp)　　　　　　　　B. fputc(fp,ch)
C. fputs(ch,fp)　　　　　　　　D. fprintf(ch,fp)

12. 以下程序将数组 a 中 4 个元素写入名为 lett.dat 的二进制文件中,选择正确的答案填入程序空白处。

```
main()
{   FILE * fp;
    char a[4]={'1','2','3','4'};
    if((fp=fopen("lett.dat","wb"))==NULL) exit(0);
    _____;
    fclose(fp);
}
```

A. fwrite(a,sizeof(char),4,fp)　　　　B. fwrite(fp,a,sizeof(char),4)
C. fprintf(a,sizeof(char),4,fp)　　　　D. fprintf(fp,a,sizeof(char),4)

13. 下面的程序将磁盘中的一个文件复制到另一个文件中,两个文件的名字在命令行中给出,选择正确的答案填入程序空白处。

```
main(int argc,char * argv[])
{   FILE * f1, * f2;
    char ch;
    if(argc<3)
      {  puts("\nParameters missing."); exit(0);  }
    if(((f1=fopen(argv[1],"r"))==NULL)||((f2=fopen(argv[2],"w"))==NULL))
      {  printf("\nCan not open the file!"); exit(0);  }
    while(!feof(f1))
         _____;
    fclose(f1);
    fclose(f2);
}
```

A. fputc(fgetc(f2),f1)　　　　B. fputc(fgetc(f1),f2)
C. fgetc(fputc(f1),f2)　　　　D. fgetc(fputc(f2),f1)

14. 以下程序的运行结果是(　　)。

```
main()
{   FILE * fp; int i, k, n;
    fp=fopen("e:\\data.dat","w+");
    for(i=1;i<6;i++)
    { fprintf(fp,"%d ",i);  if(i%3==0) fprintf(fp,"\n");  }
    rewind(fp);
    fscanf(fp,"%d%d",&k,&n);   printf("%d %d\n",k,n);
}
```

A. 0 0　　　　B. 123 45　　　　C. 1 2　　　　D. 1 4

15. 以下程序运行后,test.dat 文件内容是(　　)。

```
main()
{   FILE * f;
    char * s1="Fortran", * s2="Basic";
    if(!(f=fopen("test.dat","wb"))=NULL)
      {  printf("cannot open file\n"); exit(1);  }
    fwrite(s1,7,1,f);   fseek(f,0L,SEEK_SET);
    fwrite(s2,5,1,f);
    fclose(f);
}
```

A. Basican　　　　B. BasicFortran　　　　C. Basic　　　　D. FortranBasic

16. 有以下程序,运行后的输出结果是(　　)。

```
main()
{   FILE * fp; char str[10];
    fp=fopen("myfile.dat","w");
    fputs("abc",fp);fclose(fp);
    fp=fopen("myfile.dat","a+");
    fprintf(fp,"%d",28);
    rewind(fp);
    fscanf(fp,"%s",&str); puts(str);
    fclose(fp);
}
```

    A. abc   B. 28c

    C. abc28   D. 因类型不一致而出错

17. 有以下程序,若文本文件 f1.txt 中原有内容为 good,则运行以下程序后文件 f1.txt 中的内容为( )。

```
main()
{   FILE * fp1;
    fp1=fopen("f1.txt","w");
    fprintf(fp1,"abcd");
    fclose(fp1);
}
```

    A. goodabc   B. abc   C. abcd   D. abcgood

18. 下列关于 C 语言数据文件的叙述中正确的是( )。

    A. 文件由 ASCII 码字符序列组成,C 语言只能读写文本文件

    B. 文件由记录序列组成,可按数据的存放形式分为二进制文件和文本文件

    C. 文件由数据流形式组成,可按数据的存放形式分为二进制文件和文本文件

    D. 文件由二进制数据序列组成,C 语言只能读写二进制文件

19. 在 C 语言程序中,可把整型数以二进制形式存放到文件中的函数是( )。

    A. fscan()函数   B. fread()函数   C. putc()函数   D. fwrite()函数

20. 以下与函数 fseek(fp,0L,SEEK_SET)有相同作用的函数是( )。

    A. feof(fp)   B. ftell(fp)   C. fgetc(fp)   D. rewind(fp)

21. 有以下程序,程序运行后,文件 t1.dat 中的内容是( )。

```
void WriteStr(char * fn,char * str)
{   FILE * fp;
    fp=fopen(fn,"w");
    fputs(str,fp);
    fclose(fp);
}
main()
{   WriteStr("t1.dat","endt");
    WriteStr("t1.dat","start");
}
```

A. start B. end C. startend D. endrt

22. 有以下程序(提示:程序中 fseek(fp,-2L*sizeof(int),SEEK_END);语句的作用是使位置指针从文件尾向前移 2*sizeof(int)字节),执行后输出结果是(　　)。

```
main()
{   FILE * fp;
    int i,a[4]={1,3,5,7},b;
    fp=fopen("data.dat","wb");
    for(i=0;i<4;i++)   fwrite(&a[i],sizeof(int),1,fp);
    fclose(fp);
    fp=fopen("data.dat","rb");
    fseek(fp,-2L*sizeof(int),SEEK_END);
    fread(&b,sizeof(int),1,fp);
    fclose(fp);
    printf("%d\n",b);
}
```

A. 2 B. 1 C. 4 D. 5

23. 有以下程序,执行后输出结果是(　　)。

```
main()
{   FILE * fp;
    int i,k=0,n=0;
    fp=fopen("d1.dat","w");
    for(i=1;i<=4;i++)   fprintf(fp,"%d",i);
    fclose(fp);
    fp=fopen("d1.dat","r");
    fscanf(fp,"%d%d",&k,&n);
    printf("%d %d\n",k,n);
    fclose(fp);
}
```

A. 1234 0 B. 1 2 C. 1 23 D. 0 0

24. 若要打开 D 盘上 user 子目录下名为 aa.txt 的文本文件进行读、写操作,下面符合此要求的函数调用是(　　)。

A. fopen("D:\user\aa.txt","r") B. fopen("D:\\user\\aa.txt","r+")
C. fopen("D:\user\aa.txt","rb") D. fopen("D:\\user\\aa.txt","w")

25. 用 fopen()函数打开一个新的二进制文件,该文件即能读也能写,则文件方式字符串应该是(　　)。

A. "ab+" B. "wb+" C. "rb+" D. "ab"

26. fget()函数的作用是从文件读入一个字符,该文件的打开方式必须是(　　)。

A. 只写 B. 追加 C. 读或写 D. B 和 C 都正确

27. 函数 feesk() 可实现的操作是（   ）。
    A. 文件的顺序读写   B. 文件的随机读写
    C. 改变文件指针的位置   D. 以上均正确
28. 函数 fgets(s,n,f) 的功能是（   ）。
    A. 从 f 所指文件中读取长度为 n 的字符串存入指针 s 所指内存
    B. 从 f 所指文件中读取长度不超过 n－1 的字符串存入指针 s 所指内存
    C. 从 f 所指文件中读取 n 个字符串存入指针 s 所指内存
    D. 从 f 所指文件中读取长度为 n-1 的字符串存入指针 s 所指内存
29. 若 fp 是指向某文件的指针，尚未读到文件尾，则函数 feof(fp) 的返回值是（   ）。
    A. EOF   B. －1   C. 0   D. NULL
30. 下面的程序执行后，文件 test.c 中的内容是（   ）。

```
void fun(char * fname,char * st)
{   FILE * myf;
    int i;
    myf=fopen(fname,"w");
    for(i=0;i<strlen(st);i++)   fputc(st[i],myf);
    fclose(myf);
}
main()
{   fun("test.c","New World");
    fun("test.c","Hello!");
}
```

    A. New WorldHello!   B. Hello!
    C. New World   D. Hello!rld

二、填空题

1. 若 fp 是指向某文件的指针，且已读到文件的末尾，则 C 语言函数 feof(fp) 的返回值是 __【1】__ 。

2. 若 fp 已正确定义并指向某个文件，当未遇到该文件结束标志时函数 feof(fp) 的值为 __【2】__ 。

3. 下面程序的功能是计算文件 abc.txt 的长度（字节数），在空白处填上正确内容。

```
main()
{   FILE * fp;
    long int n;
    fp=fopen("abc.txt","rb");
    fseek(fp,0,SEEK_END);
    n=ftell(fp);
    __【3】__ ;
    n=n-ftell(fp);
```

```
    fclose(fp);
    printf("%ld\n",n);
}
```

4. 下面程序的功能是将一个名字为 f1.txt 的文本文件复制为一个名为 f2.txt 的文件,在空白处填上正确内容。

```
main()
{   char c;
    FILE * fp1, * fp2;
    fp1=fopen("f1.txt","r");
    fp2=fopen("f2.txt", 【4】 );
    c=fgetc(fp1);
    while(c!=EOF)
    { fputc(c,fp2);   c=fgetc(fp1); }
    fclose(fp1);
    fclose(fp2);
}
```

5. 下面程序用以统计文件 A.txt 中小写字母 a 的个数,在空白处填上正确内容。

```
main()
{   FILE * fp;
    char m;
    long n=0;
    if((fp=fopen("f1.txt","r"))==NULL)
    {  printf("can not open the file.\n"); exit(0); }
    while(!feof(fp))
    {   【5】 ;
        if(m=='a') n++;
    }
    fclose(fp);
    printf("%ld\n",n);
}
```

6. 下面程序的功能是从键盘输入字符存放到文件中,输入以字符@结束,文件名由键盘输入,在空白处填上正确内容。

```
main()
{   FILE * fp;
    char c, fname[20];
    printf("please input name of file:");
    gets(fname);
    if((fp=fopen(fname,"w"))==NULL)
    {  printf("can not open the file!");  exit(0); }
    printf("please enter string:");
```

```
    while(  【6】  )    fputc(c,fp);
    fclose(fp);
}
```

7. 下面程序的功能是从文件中读取 10 个浮点数,并存入数组 b 中,在空白处填上正确内容。

```
main()
{   FILE * fp;
    float b[10];
    if((fp=fopen("a.txt","r"))==NULL)
    {   printf("\nCan not open the file");   exit(0);  }
    if(  【7】  !=10)
    if(feof(fp)) printf("\nthe end of file.");
    else   printf("File read error");
    fclose(fp);
}
```

8. 下面的程序功能是将结构体类型数组的数据存入 myown.dat 文件中,然后再从文件中读出数据,存入结构体数组 k 中,请填空。

```
struct employee
{   char name[30];   int age; };
main()
{   FILE * fp;
    int i;
    struct employee a[3]={"Wang",30,"Li",29,"Zhang",31};
    struct employee k[3];
    if((fp=fopen("myown.dat","w+"))==NULL)    exit(0);
    for(i=0;i<3;i++)
        if(fwrite(  【8】  ,sizeof(struct employee),1,fp)==1)
            printf("Successfully writed!\n");
    rewind(fp);
    for(i=0;i<3;i++)
        if(fread(&k[i],sizeof(struct employee),1,fp)!=1)
            if(feof(fp))     return;
            else printf("\nread succesfully!\n");
    fclose(fp);
}
```

9. 以下程序功能是将二维数组数据用%s 的方式写入文件 name.dat,然后从文件中读出并显示这些数据,在空白处填上正确内容。

```
main()
{   char p[][10]={"Tianjin","Shanghai","Beijing","Chongqing","Nanking"};
    int i;    FILE * fp;
```

```
    if((fp=fopen("name.dat","w"))==NULL)
    {   printf("Can not open the file!");   exit(0);   }
    for(i=0;i<=4;i++)
        (  【9】  ;
    fclose(fp);
    if((fp=fopen("name.dat","r"))==NULL)
    {   printf("Can not open the file!");   exit(0);   }
    for(i=0;i<=4;i++)
    {   fscanf(fp,"%s",p[i]);
        printf("\n%s",p[i]);
    }
    fclose(fp);
}
```

10. 假定磁盘当前目录下有文件名 a.txt、b.txt、c.txt 3 个文本文件,文件的内容分别为:AAA♯、BB♯、C♯,执行下面的程序,则输出结果是 __【10】__ 。

```
void fun(FILE *);
main()
{   FILE * fp;
    int i=3;
    char fname[][10]={"a.txt","b.txt","c.txt"};
    while(--i>=0)
    {   fp=fopen(fname[i],"r");
        fun(fp);
        fclose(fp);
    }
}
void fun(FILE * fp)
{   char c;
    while(((c=getc(fp))!='#'))   putchar(c-32);
}
```

11. 以下程序运行后,abc.dat 文件内容是 __【11】__ 。

```
main()
{   FILE * f;
    char * s1="China", * s2="Beijing";
    f=fopen("abc.dat","wb");
    fwrite(s2,7,1,f);
    rewind(f);
    fwrite(s1,5,1,f);
    fclose(f);
}
```

12. 以下程序运行后,aa.dat 文件内容是 __【12】__ 。

```
main()
{   FILE * f;    char * s1="Fortran", * s2="Basic";
    if(!(f=fopen(" aa.dat","wb"))=NULL)
    {   printf("cannot open file\n");   exit(1);   }
    fwrite(s2,5,1,f);
    rewind(f);
    fwrite(s1,7,1,f);
    fclose(f);
}
```

13. 以下程序的功能是打开新文件 aa.txt,并调用字符函数将数组 a 中的字符写入其中,请填空。

```
main()
{   ___【13】___ ;
    char s[5]={'1','2','3','4','5'};
    int i;
    fp=fopen("aa.txt","w");
    for(i=0;i<5;i++)   fputc(s[i],fp);
    fclose(fp);
}
```

14. 从键盘输入 10 个浮点数,以二进制形式存入文件中,再从文件中读出显示在屏幕上,并修改文件中第 4 个数,在空白处填上正确内容。

```
#define N 10
main()
{   float num;       int iLoop;
    FILE * fp;
    fp=fopen("num.bin", "wb+");
    printf("input %d 个数:", N);
    for(iLoop=0; iLoop<N; iLoop++)
    {   scanf("%f", &num);
        fwrite(&num, sizeof(num), 1, fp);
    }
    rewind(fp);
    for(iLoop=0; iLoop<N; iLoop++)
    {   fread(&num, sizeof(num), 1, fp);
        printf("%f\n", num);
    }
    fseek(fp, ___【14】___ , SEEK_SET);
    printf("input a new data: ");
    scanf("%f", &num);
    fwrite(&num, sizeof(num), 1, fp);
    fclose(fp);
}
```

15. 下面程序的功能是把一个磁盘上的文本文件 lt.txt 中的内容原样输出到终端屏幕上,在空白处填上正确内容。

```
main()
{   char c;
    FILE * f;
    if((f=fopen("lt16-1.txt","r"))==NULL)
    { printf("cannot open file\n");  exit(1);}
     【15】  ;
    while(c!=EOF)
    {   putchar(c);
        c=fgetc(f);
    }
    putchar('\n');
    fclose(f);
}
```

16. 下面程序的功能是将一个名字为 f1.txt 的文本文件复制为一个名为 f2.txt 的文件,在空白处填上正确内容。

```
void filecopy(FILE * ,FILE * );
main()
{  FILE * f1, * f2;
   f1=fopen("f1.txt","r");
   f2=fopen("f2.txt","w");
    【16】  ;
   fclose(f1);    fclose(f2);
}
void filecopy(FILE * fpin,FILE * fpout)
{  char ch;
   ch=getc(fpin);
   while(!feof(fpin))
   {   fputc(ch,fpout);
       ch=getc(fpin);
   }
}
```

17. 下面程序的功能是将字符串"AA\n"、"BB\n"、"CCC\n"、,"DDDD\n",写入文件 lx.txt 中,在空白处填上正确内容。

```
main()
{   FILE * f;
    char a[][9]={"AA\n","BB\n","CCC\n","DDD\n"};
    int i;
```

```
        if((f=fopen("lx.txt","w"))==NULL)
        {   printf("cannot open file\n");   exit(1);}
        for(i=0;i<4;i++)
            【17】 ;
        fclose(f);
    }
```

18. 下面程序的功能是将文本文件 lx.txt 中的内容读出，并能够在屏幕上显示，在空白处填上正确内容。

```
    main()
    {   FILE * f;
        char a[8][9];
        int i;
        if((f=fopen("lx.txt","r"))==NULL)
        {   printf("cannot open file\n");   exit(1);}
        for(i=0;i<4;i++)
        {   【18】 ;
            printf("%s",a[i]);
        }
        fclose(f);
    }
```

19. 下面程序运行结果是 __【19】__ 。

```
    main()
    {   FILE * fp;
        int i,a[5]={1,2,3,4,5},b;
        fp=fopen("aa.dat","wb");
        for(i=0;i<=4;i++)   fwrite(&a[i],sizeof(int),1,fp);
        fclose(fp);
        fp=fopen("aa.dat","rb");
        fseek(fp,3L*sizeof(int),SEEK_SET);
        fread(&b,sizeof(int),1,fp);
        fclose(fp);
        printf("%d\n",b);
    }
```

20. 下面程序运行结果是 __【20】__ 。

```
    main()
    {   FILE * fp;
        int i;
        char ch[]="ABCDEF",t;
        fp=fopen("abc.dat","wb+");
        for(i=0;i<6;i++)   fwrite(&ch[i],1,1,fp);
        fseek(fp,-3L,SEEK_END);
```

```
        fread(&t,1,1,fp);
        fclose(fp);
        printf("%c\n",t);
}
```

练习 10　编译预处理

一、单选题

1. 下面说法正确的是(　　)。
   A. 预处理命令行必须位于 C 源程序的起始位置
   B. 在 C 程序中,预处理命令都以♯开头
   C. 每个 C 程序必须在开头包含预处理命令行♯include<stdio.h>
   D. C 程序的预处理命令不能实现宏定义和条件编译的功能
2. C 语言的编译系统对宏命令的处理是(　　)。
   A. 在正式编译之前先行处理的
   B. 和 C 程序中的其他语句编译同时进行的
   C. 在程序连接时进行的
   D. 在程序运行时进行的
3. 在宏定义 ♯define PI 3.14159 中,用宏名 PI 代替一个(　　)。
   A. 单精度数　　　B. 双精度数　　　C. 常量　　　D. 字符串
4. 以下有关宏替换的叙述不正确的是(　　)。
   A. 宏名不具有类型
   B. 宏名必须用大写字母表示
   C. 宏替换只是在编译之前对源程序中字符的简单替换
   D. 宏替换不占用程序的运行时间
5. 下列程序的运行结果是(　　)。

```
♯define PI 3.141593
main()
{    printf("PI=%f",PI);    }
```

   A. 3.141593＝3.141593   B. PI＝3.141593
   C. 3.141593＝PI   D. 程序有误,无结果
6. 执行下列语句后,程序输出值为(　　)。

```
♯define M 3
♯define N M+1
♯define NN N*N/2
main()
{    printf("%d\n",5*NN);    }
```

A. 18   B. 21   C. 30   D. 40

7. 以下程序的运行结果是(　　)。

```
#define P 3.5
#define S(x) P*x*x
main()
{   int a=1,b=2;
    printf("%4.1f\n",S(a+b));
}
```

A. 14.0   B. 31.5   C. 7.5   D. 10.5

8. 执行下面程序后,变量 a 的值是(　　)。

```
#define SQR(x) x*x
main()
{   int a=10,k=2,m=1;
    a/=SQR(k+m)/SQR(k+m);
    printf("%d",a);
}
```

A. 10   B. 1   C. 9   D. 0

9. 若有如下宏定义,则执行语句 int z;z=2*(N+F(6));后的值是(　　)。

```
#define N 2
#define F(n) (N+1)*n
```

A. 50   B. 34   C. 19   D. 40

10. 下面程序的输出结果是(　　)。

```
#define F(y) 3.85+y
#define PR(a) printf("%d",(int)(a));
main()
{   int x=2;
    PR(F(x)*5);
}
```

A. 11   B. 12   C. 13   D. 15

11. 以下程序的运行结果是(　　)。

```
#define MAX(x,y) (x)>(y)?(x):(y)
main()
{   int a=1,b=2,c=3,d=2,t;
    t=MAX(a+b,c+d)*100;
    printf("%d\n",t);
}
```

A. 203   B. 500   C. 3   D. 300

12. 执行以下程序段后,变量 x 和 y 的值是( )。

```
#define EXCHANGE(a,b) { float t;t=a;a=b;b=t;}
float x=5.2,y=9.6;
EXCHANGE(x,y);
```

  A. 10 和 5 B. 9.6 和 5.2 C. 出错 D. 9 和 2

13. 有如下程序,程序运行后的输出结果是( )。

```
#define SUB(a) (a)-(a)
main()
{ int a=2,b=3,c=5,d;
  d=SUB(a+b)*c;
  printf("%d\n",d);
}
```

  A. 0 B. －12 C. －20 D. 10

14. 有如下程序,程序运行后的输出结果是( )。

```
#define f(x) x*x*x
main()
{ int a=3,s,t;
  s=f(a+1);
  t=f((a+1));
  printf("%d,%d\n",s,t);
}
```

  A. 10,64 B. 10,10 C. 10,10 D. 64,64

15. 有如下程序,程序运行后的输出结果是( )。

```
#define MIN(x, y) (x)<(y)?(x) : (y)
main()
{ int i,j,k;
  i=10;j=15;
  k=10*MIN(i,j);
  printf("%d\n",k);
}
```

  A. 15 B. 100 C. 10 D. 150

16. 有如下程序,程序运行后的输出结果是( )。

```
#define PR(ar)  printf("ar=%d  ",ar)
main()
{ int j,a[]={1,3,5,7,9,11,13,15},*p=a+5;
  for(j=3;j;j--)
    switch(j)
    { case 1:
```

```
        case 2:PR(*p++);break;
        case 3:PR(*(--p));
    }
}
```

  A. ar=9　ar=9　ar=11　　　　　　B. ar=9　ar=11　ar=11

  C. ar=11　ar=9　ar=11　　　　　　D. ar=9　ar=11　ar=13

17. 以下叙述正确的是(　　)。

  A. 可以把 define 和 if 定义为用户标识符

  B. 可以把 define 定义为用户标识符,但不能把 if 定义为用户标识符

  C. 可以把 if 定义为用户标识符,但不能把 define 定义为用户标识符

  D. define 和 if 都不能定义为用户标识符

18. 有以下程序,程序运行后的输出结果是(　　)。

```
#define P 3
void F(int x)
{   return(P*x*x);   }
main()
{   printf("%d\n",F(3+5));   }
```

  A. 192　　　　B. 29　　　　C. 25　　　　D. 编译出错

19. 以下程序的输出结果是(　　)。

```
#define MCRA(m)  2*m
#define MCRB(n,m) 2*MCRA(n)+m
#define f(x) (x*x)
main()
{   int i=2,j=3;
    printf("%d\n",MCRB(j,MCRA(i)));
}
```

  A. 16　　　　B. 20　　　　C. 17　　　　D. 15

20. 下列程序执行后的输出结果是(　　)。

```
#define MA(x)  x*(x-1)
main()
{   int a=1,b=2;
    printf("%d \n",MA(1+a+b));
}
```

  A. 6　　　　B. 8　　　　C. 10　　　　D. 12

21. 下列程序执行后的输出结果是(　　)。

```
#define N 2
#define M N+1
#define K M+1*M/2
```

```
main()
{ int i;
    for(i=1; i<K;i++);
    printf("%d\n",i);
}
```

  A. 4   B. 5   C. 3   D. 6

22. 以下程序运行后的输出结果是( )。

```
#define S(x) 4*x*x+1
main()
{ int i=6,j=8;
    printf("%d\n",S(i+j));
}
```

  A. 65   B. 85   C. 66   D. 81

23. 设有以下定义,则下面语句中错误的是( )。

```
int a=0; double b=1.25; char c='A'
#define d 2
```

  A. a++   B. b++   C. C++   D. d++

24. 以下 for 语句构成的循环执行了( )次。

```
#include
#define N 2
#define M N+1
#define NUM (M+1)*M/2
main()
{ int i, n=0;
    for(i=1;i<=NUM;i++);
    { n++;  printf("%d",n); }
    printf("\n");
}
```

  A. 5   B. 6   C. 8   D. 9

25. 执行下面的程序后,a 的值是( )。

```
#define SQR(X) X*X
main()
{ int a=10,k=2,m=1;
    a/=SQR(k+m);
    printf("%d\n",a);
}
```

  A. 10   B. 2   C. 9   D. 0

26. 以下程序的输出结果是( )。

```
#define f(x) x*x
main()
{ int a=4,b=2,c;
  c=f(a)/f(b);
  printf("%d \n",c);
}
```

  A. 8   B. 16   C. 36   D. 18

27. 有以下程序,程序运行后的输出结果是(　　)。

```
#define f(x) (x*x)
main()
{ int i;
  i=f(6+4)/f(2+2);
  printf("%d \n",i);
}
```

  A. 5   B. 8   C. 4   D. 16

28. 有以下程序,程序运行后输出的结果是(　　)。

```
#define PT 3.5
#define S(x) PT*x*x
main()
{ int a=1, b=2;
  printf("%4.1f\n",S(a+b));
}
```

  A. 14.0   B. 31.5

  C. 7.5   D. 程序有错无输出结果

29. 以下叙述中错误的是(　　)。

  A. 在程序中凡是以#开始的语句行都是预处理命令行

  B. 预处理命令行的最后不能以分号表示结束

  C. #define MAX 100 是合法的宏定义命令行

  D. C程序对预处理命令行的处理是在程序执行的过程中进行的

30. 若程序中有宏定义行#define N 100 则以下叙述中正确的是(　　)。

  A. 宏定义行中定义了标识符 N 的值为整数 100

  B. 在编译程序对 C 源程序进行预处理时用 100 替换标识符 N

  C. 对 C 源程序进行编译时用 100 替换标识符 N

  D. 在运行时用 100 替换标识符 N

二、填空题

1. 写出以下程序的输出结果　__【1】__ 。

```
#define N 2
```

```
#define Y(n) (N+1)*n
main()
{   int z;
    z=2*(N+Y(5+2));
    printf("%d\n",z);
}
```

2. 下面程序的输出结果为 ___【2】___ 。

```
#define P 2.5
#define S(x) P*x*(x)
main()
{   int a=1,b=2;
    printf("%5.1f\n",S(a+b));
}
```

3. 以下程序的输出结果为 ___【3】___ 。

```
#define SQR(x) x*x
main()
{   int a,b;
    a=5; b=SQR(a-2);
    printf("%d\n",b);
}
```

4. 以下程序的输出结果为 ___【4】___ 。

```
#define MIN(x,y) (x)<(y)?(x):(y)
main()
{   int a=3,b=2,c=1,d=5,f;
    f=MIN(a-b,c-d)*100;
    printf("%d\n",f);
}
```

5. 以下程序的输出结果为 ___【5】___ 。

```
#define PLUS(x,y) x+y
main()
{   int a=1,b=2,c=2,sum;
    sum=PLUS(++a,b++)*c;
    printf("%d\n",sum);
}
```

6. 以下程序的输出结果为 ___【6】___ 。

```
#define M 3
#define N M+M
main()
{   int k;
```

```
    k=N*N*5;
    printf("%d\n",k);
}
```

7. 以下程序的运行结果是 __【7】__ 。

```
#define P 2.5
#define S(x) P*(x)*(x)
main()
{   int a=2,b=1;
    printf("%4.1f\n",S(a+b));
}
```

8. 执行下面程序后,输出结果是 __【8】__ 。

```
#define SQR(x) (x)*(x)
main()
{   int a=10,k=2,m=1;
    a=SQR(k+m)/SQR(k-m);
    printf("%d\n",a);
}
```

9. 有以下程序,程序运行后的输出结果是 __【9】__ 。

```
#define F(x) (x)*(x)
main()
{   int a;
    a=F(6+4)/F(2+2);
    printf("%d \n",a);
}
```

10. 执行下面程序后,输出结果是 __【10】__ 。

```
#define POWER(x) x*x
main()
{   int a=3,b=1,t;
    t=POWER(2+4)/POWER(2+2);
    printf("%d \n",t);
}
```

第4篇 C程序设计综合模拟练习

本篇是在全部学习完"C语言程序设计"课程后,对整个学习过程(课堂学习和上机实验)的综合检查和测验。综合模拟练习共包括4类题型,是实验教学部分和基础练习部分相结合的综合检验和测试。综合模拟练习共有8套,每套模拟练习包括单选题、程序填空题、程序修改题和程序设计题4类题型,其中每套包括单选题35道,程序填空题、程序修改题和程序设计题各1道。每套综合练习均包括各章的基础知识点和重点考核内容。每套综合模拟练习在本书附录中提供全部试题的参考答案,以方便读者自主检测学习效果。

模拟练习1

一、单选题(共35题,每题2分,共70分)

1. C语言源程序不能表示的数制是(　　)。
   A. 八进制　　　　B. 二进制　　　　C. 十六进制　　　　D. 十进制
2. 表达式 3.6−5/2+1.2+5%2 的值是(　　)。
   A. 4.5　　　　　B. 3.8　　　　　　C. 5.0　　　　　　D. 3.3
3. 下列语句组中,正确的是(　　)。
   A. char *s;s="Olympic";
   B. char s[7];s="Olympic";
   C. char *s;s={"Olympic"};
   D. char s[7];s={"Olympic"};
4. 有以下程序,程序运行后的输出结果是(　　)。

```
float fun(int x, int y)
{   return(x+y);}
main()
{   int a=2,b=5,c=8;
    printf("%3.0f\n",fun((int)fun(a+c,b),a-c));
}
```

　　A. 编译错误　　　B. 9　　　　　　C. 21　　　　　　D. 9.0

5. 有以下程序,执行后输出结果是(　　)。

```
main()
{   int m[][3]={1,4,7,2,5,8,3,6,9};
    int i,j,k=2;
    for(i=0;i<3;i++)    {   printf("%d",m[k][i]);   }
}
```

　　A. 456　　　　　　B. 369　　　　　　C. 258　　　　　　D. 789

6. 若变量a、i已正确定义,且i已正确赋值,合法的语句是(　　)。

　　A. a==1　　　　　B. ++i;　　　　　C. a=a++=5;　　　D. a=int(i)

7. 若变量已正确定义并赋值,下面符合C语言语法的表达式是(　　)。

　　A. a:=b+1　　　　　　　　　　　　B. a=b=c+2

　　C. int 18.5%3　　　　　　　　　　D. a=a+7=c+b

8. 下列程序执行后输出的结果是(　　)。

```
int d=1;
fun (int p)
{   int d=5;
    d+=p++;
    printf("%d",d);
}
main()
{   int a=3;
    fun(a);
    d+=a++;
    printf("%d\n",d);
}
```

　　A. 84　　　　　　B. 96　　　　　　C. 94　　　　　　D. 85

9. 若已定义x和y为double类型,则表达式x=1,y=x+3/2的值是(　　)。

　　A. 1　　　　　　B. 2　　　　　　C. 2.000000　　　　D. 2.500000

10. 有以下程序,以下叙述中正确的是(　　)。

```
main ()
{   char a1='M', a2='m';
    printf("%c\n", (a1,a2));
}
```

　　A. 程序输出大写字母M　　　　　　B. 程序输出小写字母m

　　C. 格式说明符不足,编译出错　　　D. 程序运行时产生出错信息

11. 有以下程序,程序运行后的输出结果是(　　)。

```
int a=2;
int f(int n)
```

```
{   static int a=3;
    int t=0;
    if(n%2)   {   static int a=4;   t+=a++;   }
    else      {   static int a=5;   t+=a++;   }
    return t+a++;
}
main()
{   int s=a,i;
    for(i=0;i<3;i++) s+=f(i);
    printf("%d\n",s);
}
```

  A. 26   B. 28   C. 29   D. 24

12. 若要用下面的程序片段使指针变量 p 指向一个存储整型变量的动态存储单元,

```
int * p;
p=_____malloc(sizeof(int));
```

则应填入( )。

  A. int   B. int *   C. (*int)   D. (int *)

13. 以下叙述中正确的是( )。

  A. C 语言的源程序不必通过编译就可以直接运行

  B. C 语言中的每条可执行语句最终都将被转换成二进制的机器指令

  C. C 源程序经编译形成的二进制代码可以直接运行

  D. C 语言中的函数不可以单独进行编译

14. C 语言规定,程序中各函数之间( )。

  A. 既允许直接递归调用也允许间接递归调用

  B. 不允许直接递归调用也不允许间接递归调用

  C. 允许直接递归调用不允许间接递归调用

  D. 不允许直接递归调用允许间接递归调用

15. 有以下程序,执行程序时,给变量 x 输入 10,程序的输出结果是( )。

```
int fun(int n)
{   if(n==1)   return 1;
    else       return(n+fun(n-1));
}
main()
{   int x;
    scanf("%d",&x);
    x=fun(x);
    printf("%d\n",x);
}
```

  A. 55   B. 54   C. 65   D. 45

16. 有如下函数调用语句：func(rec1,(rec2+rec3,rec4,rec5));，该函数调用语句中,含有的实参个数是(   )。
    A. 2   B. 5   C. 3   D. 4

17. 有以下程序,执行后输出结果是(   )。

```
main()
{  union
    {  unsigned int n;
       unsigned char c;
    }u1;
    u1.c='A';
    printf("%c\n",u1.n);
}
```

    A. 产生语法错   B. 随机值   C. A   D. 65

18. 若有以下定义：

```
struct link
{  int data;
   struct link * next;
}a,b,c,*p,*q;
```

且变量 a 和 b 之间已有如下图所示的链表结构：

指针 p 指向变量 a,q 指向变量 c,则能够把 c 插入到 a 和 b 之间并形成新的链表的语句是(   )。

    A. a.next=c; c.next=b;
    B. p.next=q; q.next=p.next;
    C. p->next=&c; q->next=p->next;
    D. (*p).next=q; (*q).next=&b;

19. 以下程序的输出结果是(   )。

```
struct HAR
{  int x,y; struct HAR *p;  }h[2];
main()
{  h[0].x=1;    h[0].y=2;
   h[1].x=3;    h[1].y=4;
   h[0].p=&h[1];
   h[1].p=h;
   printf("%d%d\n",(h[0].p)->x,(h[1].p)->y);
}
```

A. 12   B. 23   C. 14   D. 32

20. 以下选项中不能把c1定义成结构体变量的是( )。

A. typedef struct
   { int red；
     int green；
     int blue；
   }COLOR；
   COLOR c1；

B. struct color c1
   { int red；
     int green；
     int blue；
   }；

C. struct color
   { int red；
     int green；
     int blue；
   }c1；

D. struct
   { int red；
     int green；
     int blue；
   }c1；

21. 以下程序的输出结果是( )。

```
main()
{ int a[3][3]={{1,2},{3,4},{5,6}},i,j,s=0;
  for(i=1;i<3;i++)
     for(j=0;j<=i;j++)   s+=a[i][j];
  printf("%d\n",s);
}
```

A. 18   B. 19   C. 20   D. 21

22. 以下语句中存在语法错误的是( )。

A. char ss[6][20]；ss[1]="right?"；
B. char ss[][20]={"right?"}；
C. char *ss[6]；ss[1]="right?"；
D. char *ss[]={"right?"}；

23. 执行下面的程序段后,变量k中的值为( )。

```
int k=3,s[2];
s[0]=k; k=s[1]*10;
```

A. 不定值   B. 33   C. 30   D. 10

24. 以下程序的输出结果是( )。

```
main()
{ char a[10]={'1','2','3','4','5','6','7','8','9',0},*p;
  int i;
  i=8;
  p=a+i;
  printf("%s\n",p-3);
}
```

A. 6　　　　　B. 6789　　　　　C. '6'　　　　　D. 789

25. 执行以下程序后,y 的值是(　　)。

```
main()
{   int a[]={2,4,6,8,10};
    int y=1,x,*p;
    p=&a[1];
    for(x=0;x<3;x++)    y+=*(p+x);
    printf("%d\n",y);
}
```

A. 17　　　　　B. 18　　　　　C. 19　　　　　D. 20

26. 以下能正确定义且赋初值的语句是(　　)。

A. int n1＝n2＝10;　　　　　B. char c＝32;
C. fioat f=f＋1.1;　　　　　D. double x＝12.3E2.5

27. 下面程序的输出是(　　)。

```
main()
{   int x=10,y=3;
    printf("%d\n",y=x/y);
}
```

A. 0　　　　　B. 1　　　　　C. 3　　　　　D. 不确定的值

28. 语句 printf("%d \n",12&012);的输出结果是(　　)。

A. 12　　　　　B. 8　　　　　C. 6　　　　　D. 012

29. 若要打开 A 盘上 user 子目录下名为 abc.txt 的文本文件进行读、写操作,下面符合此要求的函数调用是　　　　。

A. fopen("A:\user\abc.txt","r")
B. fopen("A:\\user\\abc.txt","r＋")
C. fopen("A:\user\abc.txt","rb")
D. fopen("A:\\user\\abc.txt","w")

30. 以下关于逻辑运算符两侧运算对象的叙述中正确的是(　　)。

A. 只能是整数 0 或 1　　　　　B. 只能是整数 0 或非 0 整数
C. 可以是结构体类型的数据　　D. 可以是任意合法的表达式

31. 以下符合 C 语言语法的实型常量是(　　)。

A. 1.2E0.5　　　B. 3.14159E　　　C. 5E-3　　　D. E15

32. 以下程序的输出结果是(　　)。

```
main()
{   int a,b,d=241;
    a=d/100%9;
    b=(-1)&&(-1);
    printf("%d,%d\n",a,b);
}
```

A. 6,1   B. 2,1   C. 6,0   D. 2,0

33. 设 ch 是 char 型变量,其值为 A,则下面的表达式值是(　　)。

ch=(ch>='A'&&ch<='Z')?(ch+32):ch

A. A   B. Z   C. a   D. z

34. 以下程序的输出结果是(　　)。

```
main()
{ int i,x[3][3]={1,2,3,4,5,6,7,8,9};
  for(i=0;i<3;i++)
    printf("%d,",x[i][2-i]);
}
```

A. 2,5,9   B. 1,4,7   C. 3,5,7   D. 3,6,9

35. 有以下程序,程序运行后的输出结果是(　　)。

```
main()
{ char s[]="159",* p;
  p=s;
  printf("%c",* p++);
  printf("%c",* p++);
}
```

A. 15   B. 16   C. 12   D. 59

二、程序填空题(共1题,每题10分)

给定程序的功能是用冒泡法对6个字符进行排序。请在程序的下画线处填入正确的内容并把下画线删除,使程序运行后输出正确的结果。

注意：不得增加行或除删除行,也不得更改程序的结构。

```
#include<stdio.h>
#define MAXLINE 20
fun(char * pstr[6])
{ int i, j;
  char * p;
  for(i=0; i<5; i++)
  {   for(j=i+1; j<6; j++)
      {
/*************found*************/
          if(strcmp(* (pstr+i), 【1】 )>0)
          {   p= * (pstr+i);
/*************found*************/
              pstr[i]= 【2】 ;
/*************found*************/
```

```
            * (pstr+j) = 【3】 ;
        }
      }
    }
}
main()
{   int i;
    char *pstr[6], str[6][MAXLINE];
    for(i=0; i<6; i++) pstr[i]=str[i];
    printf("\nEnter 6 string(1 string at each line): \n");
    for(i=0; i<6; i++) scanf("%s", pstr[i]);
    fun(pstr);
    printf("The strings after sorting:\n");
    for(i=0; i<6; i++) printf("%s\n", pstr[i]);
}
```

三、程序修改题(共1题,每题10分)

下面给定程序中,函数 fun() 的功能是找出一个大于形参 m 且紧随 m 的素数,并作为函数值返回。改正程序中的错误,使它能输出正确的结果。

注意:不要改动 main() 函数,不得增加行或删除行,也不得更改程序的结构。

```
#include<stdio.h>
int fun(int m)
{   int i, k;
    for(i=m+1;; i++) {
        for(k=2; k<i; k++)
/**************found**************/
        if(i%k! =0)
            break;
/**************found**************/
        if(k<i)
            return(i); }}
main()
{   int m; m=fun(40);
    printf("%d",m);
}
```

四、程序设计题(共1题,每题10分)

编写函数 fun(),其功能是计算并输出下列多项式的值。

$$s = 1 + \frac{1}{1+2} + \frac{1}{1+2+3} + \cdots + \frac{1}{1+2+3+\cdots 50}$$

例如,在主函数中从键盘给 n 输入50后,输出为 $s=1.960784$。要求 n 的值大于1但不大于 100。勿改动主函数 main() 和其他函数中的任何内容,仅在函数 fun() 的"{ }"之间填入编写的若干语句。

```
#include<stdio.h>
#include<string.h>
float fun(int n)
{

}
main()
{   int n; float s;
    printf("enter n:");
    scanf("%d",&n);
    s=fun(n);
    printf("the result is:%f\n",s);
}
```

模拟练习 2

一、单选题(共 35 题,每题 2 分,共 70 分)

1. 设有以下函数,在 main() 函数中调用该函数,则输出结果是(　　)。

```
f(int a)
{   int b=0;
    static int c=3;
    b++; c++;
    return(a+b+c);
}
main()
{   int a=2, i;
    for(i=0;i<3;i++) printf("%d  ",f(a));
}
```

  A. 7 8 9   B. 7 9 11   C. 7 10 13   D. 7 7 7

2. 以下程序的输出结果是(　　)。

```
int a, b;
void fun()
{   a=100;
    b=200;
}
main()
{   int a=5, b=7;
```

```
    fun();
    printf("%d%d \n", a,b);
}
```

  A. 1002000   B. 57   C. 75   D. 200100

3. 有以下程序,执行后输出结果是(　　)。

```
#define f(x) x*x
main()
{   int i;
    i=f(4+4)/f(2+2);
    printf("%d\n",i);
}
```

  A. 28   B. 22   C. 16   D. 4

4. 设有如下程序段,则以下叙述中正确的是(　　)。

```
int x=2002, y=2003;
printf("%d\n",(x,y));
```

  A. 输出语句中格式说明符的个数少于输出项的个数,不能正确输出
  B. 运行时产生出错信息
  C. 输出值为 2002
  D. 输出值为 2003

5. 若已经定义的函数有返回值,则以下关于该函数调用的叙述中错误的是(　　)。
  A. 函数调用可以作为独立的语句存在
  B. 函数调用可以作为一个函数的实参
  C. 函数调用可以出现在表达式中
  D. 函数调用可以作为一个函数的形参

6. 当 c 的值不为 0 时,在下列选项中能正确将 c 的值赋给变量 a、b 的选项是(　　)。
  A. c=b=a;   B. (a=c)‖(b=c);
  C. (a=c)&&(b=c);   D. a=c=b;

7. 以下选项中非法的表达式是(　　)。
  A. 0<=x<100   B. i=j==0
  C. (char)(65+3)   D. x+1=x+1

8. 有以下程序,程序运行后的输出结果是(　　)。

```
main()
{   int m=3,n=4,x;
    x=-m++;
    x=x+8/++n;
    printf("%d\n",x);
}
```

A. 3	B. 5	C. −1	D. −2

9. 在一个 C 程序中（　　）。

　　A. main() 函数必须出现在所有函数之前

　　B. main() 函数可以在任何地方出现

　　C. main() 函数必须出现在所有函数之后

　　D. main() 函数必须出现在固定位置

10. 下列程序的输出结果是（　　）。

```
main()
{   double d=3.2;
    int x,y;
    x=1.2;y=(x+3.8)/5.0;
    printf("%d \n",d*y);
}
```

A. 3	B. 3.2	C. 0	D. 3.07

11. 有如下程序，该程序中的 for 循环执行的次数是（　　）。

```
#define N 2
#define M N+1
#define NUM 2*M+1
main()
{   int i;
    for(i=1;i<=NUM;i++)   printf("%d\n",i);
}
```

A. 5	B. 6	C. 7	D. 8

12. 下面程序的输出结果是（　　）。

```
fun3(int x)
{   static int a=3;
    a+=x;
    return(a);     }
main()
{   int k=2, m=1, n;
    n=fun3(k);
    n=fun3(m);
    printf("%d\n",n);
}
```

A. 3	B. 4	C. 6	D. 9

13. 用 C 语言编写的代码程序（　　）。

　　A. 可立即执行	B. 是一个源程序

　　C. 经过编译即可执行	D. 经过编译解释才能执行

14. 下面程序的输出是（　　）。

```
main()
{   int fun(int);
    int t=1;
    fun(fun (t));
}
fun(int h)
{   static int a[3]={1,2,3};
    int k;
    for(k=0;k<3;k++)   a[k]+=a[k]-h;
        for(k=0;k<3;k++)   printf("%d,",a[k]);
            printf("\n");return(a[h]);
}
```

  A. 1,3,5,   B. 1,3,5,   C. 1,3,5   D. 1,3,5
   1,5,9,   1,3,5,   0,4,8   −1,3,7

15. 有如下程序,程序的运行结果为(　　)。

```
void fun(char * a,char * b)
{   a=b; ( * a)++;   }
main()
{   char c1='A',c2='a', * p1, * p2;
    p1=&c1;p2=&c2;fun(p1,p2);
    printf("%c%c\n",c1,c2);
}
```

  A. Ab   B. aa   C. Aa   D. Bb

16. 有如下程序,程序运行后输出结果是(　　)。

```
fun (int a,int b)
{   if(a>b) return(a);
    else return(b);
}
main()
{   int x=3,y=8,z=6,r;
    r=fun(fun(x,y),2 * z);
    printf("%d\n",r);
}
```

  A. 3   B. 6   C. 8   D. 12

17. 设函数 fun 的定义形式为

```
void fun(char ch,float x)   { … }
```

则以下对函数 fun 的调用语句中,正确的是(　　)。

  A. fun("abc",3.0);   B. t=fun('D',16.5);
  C. fun ('65',2.8);   D. fun(32,32);

18. 字符'0'的 ASCII 码的十进制数为 48，且数组的第 0 个元素在低位，则以下程序的输出结果是(   )。

```
main()
{  union
   {   int i[2];
       long k;
       char c[4];
   }r,*s=&r;
   s->i[0]=0x39;
   s->i[1]=0x38;
   printf("%c\n",s->c[0]);
}
```

    A. 39   B. 9   C. 38   D. 8

19. 若已建立下面的链表结构，指针 p、s 分别指向图中所示的结点，则不能将 s 所指的结点插入到链表末尾的语句组是(   )。

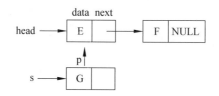

  A. s—>next＝NULL；p=p—>next；p—>next＝s；
  B. p=p—>next；s—>next=p—>next；p—>next=s；
  C. p=p—>next；s—>next=p；p—>next=s；
  D. p=(*p).next；(*s).next=(*p).next；(*p).next=s；

20. 有以下程序段

```
typedef struct NODE
{   int num;
    stuct NODE *next;
}OLD;
```

以下叙述正确的是(   )。

  A. 以上的说明形式非法   B. NODE 是一个结构体类型
  C. OLD 是一个结构体类型   D. OLD 是一个结构体变量

21. 设有以下说明语句，则下面的叙述中不正确的是(   )。

```
struct ex
{  int x; float y; char z; }example;
```

  A. struct 是结构体类型的关键字 B. example 是结构体类型名
  C. x,y,z 都是结构体成员   D. struct ex 是结构体类型

22. 有以下程序，程序执行后的输出结果是(   )。

```
main()
{   int i,t[][3]={9,8,7,6,5,4,3,2,1};
    for(i=0;i<3;i++)    printf("%d",t[2-i][i]);
}
```

  A. 753   B. 357   C. 369   D. 751

23. 有以下程序,程序运行后的输出结果是( )。

```
void swap1(int c0[],int c1[])
{   int t;
    t=c0[0];
    c0[0]=c1[0];
    c1[0]=t;
}
void swap2(int * c0,int * c1)
{   int t;
    t= * c0;    c0=c1;    * c1=t;
}
main()
{   int a[2]={3,5},b[2]={3,5};
    swap1(a,a+1);
    swap2(&b[0],&b[1]);
    printf("%d %d %d %d\n",a[0],a[1],b[0],b[1]);
}
```

  A. 3 5 5 3 B. 5 3 3 5 C. 3 5 3 5 D. 5 3 3 3

24. 若已定义 int a[]={0,1,2,3,4,5,6,7,8,9}, * p=a,i;,其中 0≤i≥9,则对数组元素不正确的引用是( )。

  A. a[p—a] B. * (&a[i]) C. p[i] D. a[10]

25. 执行下面的程序段后,变量 k 中的值为( )。

```
int k=3,s[2]={1,1};
s[0]=k; k=s[1] * 10;
```

  A. 10   B. 不定值 C. 30   D. 33

26. 下面程序把数组元素中的最大值放入 a[0]中,则 if 语句中的条件表达式应该是( )。

```
main()
{   int a[10]={6,7,2,9,1,10,5,8,4,3}, * p=a,i;
    for(i=0;i<10;i++,p++)
        if(_____)  * a= * p;
    printf("%d", * a);
}
```

  A. p>a B. * p>a[0] C. * p> * a[0] D. * p[0]> * a[0]

27. 以下程序段的输出结果是（　　）。

int a=1234;
printf("%2d\n",a);

  A. 12   B. 34

  C. 1234   D. 提示出错、无结果

28. 有定义语句 int b;char c[10];,则正确的输入语句是（　　）。

  A. scanf("%d%s",&b,&c);   B. scanf("%d%s",&b,c);

  C. scanf("%d%s",b,c);   D. scanf("%d%s",b,&c);

29. 有以下程序,执行后输出结果是（　　）。

main()
{ unsigned char a,b;
 a=4|3;
 b=4&3;
 printf("%d %d\n",a,b);
}

  A. 7 0   B. 0 7   C. 1 1   D. 4 0

30. 若fp是指向某文件的指针,且已读到文件末尾,则库函数 feof(fp)的返回值是（　　）。

  A. EOF   B. −1   C. 非零值   D. NULL

31. 若有以下定义和语句,则输出结果是（　　）。

int u=010,v=0x10,w=10;
print.f("%d,%d,%d\n",u,v,w);

  A. 8,16,10   B. 10,10,10   C. 8,8,10   D. 8,10,10

32. 有如下程序,运行后输出结果是（　　）。

main()
{ int a; char c=10;
 float f=100.0; double x;
 a=f/=c*=(x=6.5);
 printf("%d %d %3.1f %3.1f\n",a,c,f,x);
}

  A. 1 65 1 6.5   B. 1 65 1.5 6.5

  C. 1 65 1.0 6.5   D. 2 65 1.5 6.5

33. 有以下程序,则程序执行后的输出结果是（　　）。

main()
{ int y=10;
 while(y--);
 printf("y=%d\n",y);
}

A. y=0 　　　　　　　　　B. y=-1
C. y=1 　　　　　　　　　D. while 构成无限循环

34. 以下数组定义中错误的是(　　)。
　　A. int x[][3]={0};
　　B. int x[2][3]={{1,2},{3,4},{5,6}};
　　C. int x[][3]={{1,2,3},{4,5,6}};
　　D. int x[2][3]={1,2,3,4,5,6};

35. 下面程序的输出是(　　)。

```
int aa[3][3]={{2},{4},{6}};
main()
{  int i, *p=&aa[0][0];
   for(i=0;i<2;i++)
   {  if(i==0)  aa[i][i+1]=*p+1;
      else    ++p;
      printf("%d",*p);
   }
}
```

　　A. 26   B. 33   C. 23   D. 36

二、**程序填空题**(共1题,每题10分)

给定程序的功能是调用函数 fun() 将指定源文件中的内容复制到指定的目标文件中,复制成功时函数返回值为1,失败时返回值为0。在复制的过程中,把复制的内容输出到终端屏幕。主函数中源文件名放在变量 sfname 中,目标文件名放在变量 tfname 中。请在程序的下画线处填入正确的内容并把下画线删除,使程序运行后输出正确的结果。

注意:不得增加行或删除行,也不得更改程序的结构。

```
#include<stdlib.h>
int fun(char *source, char *target)
{  FILE *fs,*ft;   char ch;
/**********found**********/
   if((fs=fopen(source, 【1】 ))==NULL)   return 0;
   if((ft=fopen(target,"w"))==NULL)   return 0;
   printf("\nThe data in file :\n");
   ch=fgetc(fs);
/**********found**********/
   while( 【2】 )
   {  putchar(ch);
      fputc(ch,ft);
/**********found**********/
      ch= 【3】 ;    }
   fclose(fs);   fclose(ft);
```

```
      printf("\n\n"); return 1;
  }
main()
{ char sfname[20]="myfile1",  tfname[20]="myfile2";
    FILE *myf;   int i;   char c;
    myf=fopen(sfname,"w");
    printf("\nThe original data :\n");
    for(i=1; i<30; i++){ c='A'+rand()%25;fprintf(myf,"%c",c); printf("%c",c); }
    fclose(myf);printf("\n\n");
    if(fun(sfname, tfname))    printf("Succeed!");
    else printf("Fail!");
}
```

三、程序修改题（共 1 题，每题 10 分）

下面给定程序中，函数 fun() 的功能是交换主函数中两个变量的值。例如，若变量 a 中的值原为 8，b 中的值为 3。程序运行后 a 中的值为 3，b 中的值为 8。请改正程序中的错误，使它能计算出正确的结果。

注意：不要改动 main() 函数，不得增加行或删除行，也不得更改程序的结构。

```
/******** * found**********/
int fun(int x, int y)
{   int t;
/******** * found**********/
    t=x; x=y; y=t;
}
main()
{  int a,b;   a=8;b=3;
    fun(&a,&b);
    printf("%d,   %d\n",a,b);
}
```

四、程序设计题（共 1 题，每题 10 分）

请编一个函数 float fun(double n)，函数的功能是对变量 n 中的值保留 2 位小数，并对第三位进行四舍五入（规定 n 中的值为正数）。例如，n 值为 8.32433，则函数返回 8.32；n 值为 8.32533，则函数返回 8.33。请勿改动主函数 main() 和其他函数中的任何内容，仅在函数 fun() 的"{}"之间填入编写的若干语句。

```
#include<conio.h>
#define VSIZE 20
float fun(float n)
{

}
```

```
main()
{ float a;
  printf("Enter a: "); scanf("%f",&a);
  printf("The original data is: ");
  printf("%f\n\n",a);
  printf("The result :%f\n",fun(a));
}
```

模拟练习 3

一、单选题(共 35 题,每题 2 分,共 70 分)

1. 以下定义语句中正确的是( )。
   A. char a='A' b=' B';
   B. float a=b=10.0;
   C. int a=10, *b=&a;
   D. float *a, b=&a;

2. 有以下程序,程序运行后的输出结果是( )。

```
main()
{   int i=1,j=2,k=3;
    if(i++==1&&(++j==3||k++==3))   printf("%d  %d  %d\n",i,j,k);
}
```

   A. 1 2 3
   B. 2 3 4
   C. 2 2 3
   D. 2 3 3

3. 以下选项中非法的表达式是( )。
   A. 0<=x && x<100
   B. i+1=j+1
   C. (char)(65+3)
   D. x=y==1

4. 若有以下程序段,执行后输出结果是( )。

```
int m=0xabc,n=0xabc;
m-=n;
printf("%X\n",m);
```

   A. 0X0
   B. 0x0
   C. 0
   D. 0XABC

5. 有以下程序,程序运行后的输出结果( )。

```
main()
{   char p[]={'a','b','c'},q[]="abc";
    printf("%d  %d\n",sizeof(p),sizeof(q));
}
```

   A. 4 4
   B. 3 3
   C. 3 4
   D. 4 3

6. 以下叙述错误是( )。
   A. 可以把 if 定义为用户标识符
   B. 可以把 define 定义为用户标识符

C. 不可以把 if 定义为用户标识符

D. define 可以定义为用户标识符,if 不可以

7. 下列选项中,合法的 C 语言关键字是( )。

  A. VAR   B. cher   C. integer   D. default

8. 若 k 是 int 型变量,且有下面的程序片段,下面程序片段的输出结果是( )。

```
k=-3;
if(k<=0)   printf("####")
else       printf("&&&&");
```

  A. ＃＃＃＃   B. ＆＆＆＆

  C. ＃＃＃＃＆＆＆＆   D. 有语法错误,无输出结果

9. 以下变量 x、y、z 均为 double 类型且已正确赋值,不能正确表示数字式子 $x/(y*z)$ 的 C 语言表达式是( )。

  A. x/y*z   B. x*(1/(y*z))   C. x/y*1/z   D. x/y/z

10. 有以下程序,执行后输出结果是( )。

```
main()
{   int i=10,j=1;
    printf("%d,%d\n",i--,++j);
}
```

  A. 9,2   B. 10,2   C. 9,1   D. 10,1

11. 有以下程序,程序运行后的输出结果是( )。

```
main()
{   char a='a',b;
    printf("%c,",++a);
    printf("%c\n",b=a++);
}
```

  A. b,b   B. b,c   C. a,b   D. a,c

12. 有以下程序,运行结果是( )。

```
void fun2(char a, char b)
{   printf("%c %c ",a,b);   }
char a='A',b='B';
void fun1()
{   a='C';  b='D';   }
main()
{   fun1();
    printf("%c %c ",a,b);
    fun2('E','F');
}
```

    A. C D E F   B. A B E F   C. A B C D   D. C D A B

13. 若要用下面的程序片段使指针变量 p 指向一个浮点型变量的动态存储单元,选择下画线处的正确答案。

```
float * p;
p=_____ malloc(sizeof(float));
```

    A. float   B. float *   C. (* float)   D. (float *)

14. 以下叙述中正确的是(　　)。

    A. C 语言中的每条可执行语句不一定都将被转换成二进制的机器指令

    B. C 语言的源程序必须通过编译才能运行

    C. C 源程序经编译形成的二进制代码可以直接运行

    D. C 语言中的函数不可以单独进行编译

15. 以下程序的输出结果是(　　)。

```
long fun(int n)
{   long s;
    if(n==1||n==2) s=2;
    else s=n-fun(n-1);    return s;
}
main()
{ printf("%d\n",fun(3)); }
```

    A. 1   B. 2   C. 3   D. 4

16. 有以下程序,执行后输出结果是(　　)。

```
void f(int x,int y)
{   int t;
    if(x<y) {t=x; x=y; y=t;}
}
main()
{   int a=4,b=3,c=5;
    f(a,b); f(a,c); f(b,c);
    printf("%d,%d,%d\n",a,b,c);
}
```

    A. 3,4,5   B. 5,3,4   C. 5,4,3   D. 4,3,5

17. 设函数 fun() 的定义形式为 void fun(char ch,float x){…},则以下对函数 fun 的调用语句中,正确的是(　　)。

    A. fun('abc',3.0);   B. t=fun('D',16.5);

    C. fun('65',2.8);   D. fun(32,'A'+2);

18. 已定义如下函数,该函数的返回值是(　　)。

```
fun (int * p)
{ return * p; }
```

A. 不确定的值 B. 形参 p 中存放的值
C. 形参 p 所指存储单元中的值 D. 形参 p 的地址值

19. 有以下程序,在 16 位编译系统上,程序执行后的输出结果是(   )。

```
main()
{ union
    {   int d;
        char ch[2];
    }s;
    s.d=0x4142;
    printf("%c%c\n",s.ch[0],s.ch[1]);
}
```

A. BA   B. 4142   C. AB   D. 4241

20. 以下程序的输出结果是(   )。

```
main()
{ union
    {  char i[2];
       int k;
    }r;
    r.i[0]=2;
    r.i[1]=0;
    printf("%d \n",r.k);
}
```

A. 2   B. 1   C. 0   D. 不确定

21. 有以下程序,执行后的输出结果是(   )。

```
struct STU
    {   char name[10];
        int num;
    };
void f1(struct STU c)
{   struct STU b={"LiSiGuo",2042};
    c=b;
}
void f2(struct STU *c)
{   struct STU b={"SunDan",2044};
    *c=b;
}
main()
{   struct STU a={"YangSan",2041},b={"WangYin",2043};
    f1(a);
    f2(&b);
```

```
        printf("%d %d\n",a.num,b.num);
}
```

    A. 2041 2044   B. 2041 2043   C. 2042 2044   D. 2042 2043

22. 下面程序的输出是(　　)。

```
main()
{   enum team {my,your=4,his,her=his+10};
    printf("%d %d %d %d\n",my,your,his,her);
}
```

    A. 0 1 2 3   B. 0 4 0 10   C. 0 4 5 15   D. 1 4 5 15

23. 有如下程序,该程序的输出结果是(　　)。

```
main()
{   int n[5]={0,0,0},i,k=2;
    for(i=0;i<k;i++)   n[i]=n[i]+1;
    printf("%d\n",n[k]);
}
```

    A. 不确定的值   B. 2   C. 1   D. 0

24. 有以下程序,程序运行后的输出结果是(　　)。

```
main()
{   int a[]={1,2,3,4,5,6,7,8,9,0}, *p;
    for(p=a;p<a+10;p++)   printf("%d,",*p);
}
```

    A. 1,2,3,4,5,6,7,8,9,0,   B. 2,3,4,5,6,7,8,9,10,1,
    C. 0,1,2,3,4,5,6,7,8,9   D. 1,1,1,1,1,1,1,1,1,1,

25. 设有以下定义和语句,则 *(p[0]+1)所代表的数组元素是(　　)。

```
int a[3][2]={1,2,3,4,5,6}, *p[3];
p[0]=a[1];
```

    A. a[0][1]   B. a[1][0]   C. a[1][1]   D. a[1][2]

26. 有以下程序,执行后的输出结果是(　　)。

```
void fun1(char *p)
{   char *q;
    q=p;
    while(*q!='\0')
    {   (*q)++; q++;   }
}
main()
{   char a[]={"Program"}, *p;
    p=&a[3];
    fun1(p);
```

```
        printf("%s\n",a);
}
```

  A. Prohsbn   B. Prphsbn   C. Progsbn   D. Program

27. 若有以下定义和语句,则不能表示 a 数组元素的表达式是( )。

```
int a[10]={1,2,3,4,5,6,7,8,9,10}, *p=a;
```

  A. *p   B. a[10]   C. *a   D. a[p－a]

28. 执行下列程序时输入 123<空格>456<空格>789<CR>,输出结果是( )。

```
main()
{   char s[100];
    int c,i;
    scanf("%c",&c);
    scanf("%d",&i);
    scanf("%s",s);
    printf("%c,%d,%s \n",c,i,s);
}
```

  A. 123,456,789   B. 1,456,789
  C. 1,23,456,789   D. 1,23,456

29. 有以下定义,不能给 a 数组输入字符串的语句是( )。

```
char a[10], *b=a;
```

  A. gets(a)   B. gets(a[0])   C. gets(&a[0]);   D. gets(b);

30. 下面程序的输出是( )。

```
main()
{   int x=32;
    printf("%d\n",x=x<<1);
}
```

  A. 100   B. 160   C. 120   D. 64

31. 下面程序的输出是( )。

```
main()
{
    int k=11;
    printf("k=%d,k=%o,k=%x\n",k,k,k);
}
```

  A. k=11,k=12,k=11   B. k=11,k=13,k=13
  C. k=11,k=013,k=0xb   D. k=11,k=13,k=b

32. 设 int a=12,则执行完语句 a+=a－=a*a 后,a 的值是( )。

  A. 552   B. 264   C. 144   D. －264

33. 以下程序执行后 sum 的值是(   )。

```
main()
{   int i,sum;
    for(i=1;i<6;i++) sum+=i;
    printf("%d\n",sum);
}
```

    A. 15   B. 0   C. 不确定   D. 14

34. 以下程序的输出结果是(   )。

```
main()
{   int a[4][4]={{1,3,5},{2,4,6},{3,5,7}};
    printf("%d%d%d%d\n",a[0][3],a[1][2],a[2][1],a[3][0]);
}
```

    A. 1470   B. 0650   C. 5430   D. 输出值不定

35. 有如下程序,程序的运行结果为(   )。

```
#include<string.h>
main()
{   char str[][20]={"Hello","Beijing"},*p=str;
    printf("%d\n",strlen(p+20));
}
```

    A. 1   B. 5   C. 7   D. 20

二、程序填空题(共1题,每题10分)

下面给定程序的功能是将既在字符串 s 中出现、又在字符串 t 中出现的字符形成一个新字符串放在 u 中,u 中字符按原字符串中字符顺序排列,但去掉重复字符。例如,当 s="42562",t="35",u 中的字符串为"5"。请在程序的下画线处填入正确的内容并把下画线删除,使程序输出正确的结果。

注意:不得增加行或删除行,也不得更改程序的结构。

```
#include<stdio.h>
#include<string.h>
void fun (char *s, char *t, char *u)
{   int i, j, sl, tl, k, ul=0;
    sl=strlen(s);   tl=strlen(t);
    for(i=0; i<sl; i++)
    {   for(j=0; j<tl; j++)
            if(s[i]==t[j])  break;
        if(j<tl)
        {   for(k=0; k<ul; k++)
```

```
/***********found***********/
            if(s[i]  【1】  u[k])  break;
          if(k>=ul)
/***********found***********/
            u[ul++]= 【2】 ;
       }
    }
/***********found***********/
     【3】  ='\0';
}
main()
{  char s[100], t[100], u[100];
   printf("\nPlease enter string s:"); scanf("%s", s);
   printf("\nPlease enter string t:"); scanf("%s", t);
   fun(s, t, u);
   printf("The result is: %s\n", u);
}
```

三、程序修改题（共 1 题，每题 10 分）

下面给定程序中，函数 fun() 的功能是从 s 所指字符串中删除所有小写字母 c。请改正程序中的错误，使它能输出正确的结果。

注意：不要改动 main() 函数，不得增加行或删除行，也不得更改程序的结构。

```
#include<stdio.h>
void fun(char * s)
{   int i,j;   for(i=j=0; s[i]!='\0'; i++)
       if(s[i]!='c')
/***********found***********/
       s[j]=s[i];
/***********found***********/
     s[i]='\0';
}
main()
{  char s[80];
   printf("Enter a string:       "); gets(s);
   printf("The original string:   "); puts(s);
   fun(s);
   printf("The string after deleted:   "); puts(s);printf("\n\n");
}
```

四、程序设计题（共 1 题，每题 10 分）

函数 fun() 的功能是把 a 数组中的 n 个数和 b 数组中逆序的 n 个数一一相减，结果存在 c 数组中。例如，当 a 数组中的值是 1、3、5、7、8。b 数组中的值是 2、3、4、5、8。调用该函数后,c 中存放的数据是－7、－2、1、4、6。勿改动主函数 main()和其他函数中的任何内容,仅在函数 fun()的"{}"之间填入编写的若干语句。

```
#include<stdio.h>
#include<conio.h>
void fun(int a[], int b[], int c[], int n)
{


}
main()
{   int i, a[100]={1,3,5,7,8}, b[100]={2,3,4,5,8}, c[100];
    fun(a, b, c, 5);
    printf("The result is: ");
    for(i=0; i<5; i++) printf("%d ", c[i]);
}
```

模拟练习 4

一、单选题(共 35 题,每题 2 分,共 70 分)

1. 下列函数调用不正确的是(　　)。
   A. max(a,b);　　　　　　　　B. max(3,a＋b);
   C. max(3,5);　　　　　　　　D. int max(a,b);

2. 执行以下程序段后,m 值为(　　)。

```
main()
{   int a[3][3]={ {1,2,3},{4,5,6},{7,8,9} };
    int m, * p;
    p=&a[0][0];
    m=(*p)*(*(p+1))*(*(p+2));
    printf("%d\n",m);
}
```

   A. 25　　　　B. 24　　　　C. 23　　　　D. 22

3. 下面程序的输出结果是(　　)。

```
fun(int x)
{   static int a=5;
    a+=x;
    return a;
}
main()
{   int k=2, m=1, n;
    n=fun(k);
```

```
        n=fun(m);
        printf("%d\n",n);
}
```
    A. 8   B. 4   C. 6   D. 10

4. 设有以下语句,则(　　)不是对库函数 strcpy()的正确调用。

`char str1[]="string",str2[8], * str3, * str4[5]="stri";`

    A. strcpy(str1,"HELLO1");   B. strcpy(str2,"HELLO2");
    C. strcpy(str3,"HELLO3");   D. strcpy(str4,"HELLO4");

5. 选出以下程序的输出结果(　　)。

```
sub(int x, iny y,int * z;)
{   * z=y+x;   }
main()
{   int a, b, c;
    sub(9,5,&a);
    sub(6,a,&b);
    sub(a,b,&c);
    printf("%d,%d,%d\n", a,b,c);
}
```

    A. 15,12,13   B. 5,12,7   C. 15,20,34   D. 12,20,35

6. 以下不合法的用户标识符是(　　)。

    A. j2_KEY   B. Double   C. 4d   D. _8_

7. 以下循环体的执行次数是(　　)。

```
main()
{   int i,j;
    for(i=0,j=1; i<=j+1;i+=2,j--)   printf("%d \n",i);
}
```

    A. 3   B. 2   C. 1   D. 0

8. C 语言中运算对象必须是整型的运算符是(　　)。

    A. %=   B. /   C. =   D. <=

9. 有以下程序,程序运行后的输出结果是(　　)。

```
main()
{   int a=3,b=4,c=5,d=2;
    if(a>b)
        if(b>c)   printf("%d",d++1);
        else
    printf("%d",++d +1);
    printf("%d\n",d);
}
```

A. 2 B. 3 C. 43 D. 44

10. 以下叙述中正确的是( )。

   A. 全局变量的作用域一定比局部变量的作用域范围大
   B. 静态(static)类别变量的生存期贯穿于整个程序的运行期间
   C. 函数的形参都属于全局变量
   D. 未在定义语句中赋初值的 auto 变量和 static 变量的初值都是随机值

11. 以下程序的输出结果是( )。

```
main()
{   int k=4,m=1,p;
    p=func(k,m); printf("%d,",p);
    p=func(k,m); printf("%d\n",p);
}
func(int a,int b)
{   static int m=0,i=2;
    i+=m+1; m=i+a+b;
    return(m);
}
```

   A. 8,17 B. 8,16 C. 8,20 D. 8,8

12. 下列程序执行后的输出结果是( )。

```
#define MA(x) x*(x-1)
main()
{   int a=1,b=3;
    printf("%d \n",MA(1+a+b));
}
```

   A. 16 B. 14 C. 10 D. 12

13. 若要用下面的程序片段使指针变量 p 指向一个字符型变量的动态存储单元

```
char *p;
p=_____malloc(sizeof(char));
```

则应填入( )。

   A. char B. char * C. (*char) D. (char *)

14. 结构化程序由 3 种基本结构组成,下面描述正确的是( )。

   A. 3 种结构组合可以完成任何复杂的任务
   B. 循环结构和选择结构完成部分复杂的任务
   C. 顺序结构和选择合结构完成简单的任务
   D. 顺序结构只能完成一些简单的任务,循环结构完成复杂的任务

15. 有以下程序,执行后输出结果是( )。

```
void fun(int *a,int i,int j)
{   int t;
```

```
       if(i<j)
       {   t=a[i]; a[i]=a[j]; a[j]=t;
           fun(a,++i,--j);
       }
}
main()
{   int a[]={1,2,3,4,5,6},i;
    fun(a,0,5);
    for(i=0;i<6;i++)  printf("%d ",a[i]);
}
```

A. 6 5 4 3 2 1　　B. 4 3 2 1 5 6　　C. 4 5 6 1 2 3　　D. 1 2 3 4 5 6

16. 执行下面程序,a 的值是(　　)。

```
main()
{   int a;
    printf("%d\n",(a=3^3,a*4,a+5));
}
```

A. 9　　　　　　B. 31　　　　　　C. 27　　　　　　D. 32

17. 请选出以下程序的输出结果(　　)。

```
sub(int *s,int y)
{   static int t=3;
    y=s[t];
    t--;
}
main()
{   int a[]={1,2,3,4},i,x=0;
    for(i=0;i<4;i++)
    {   sub(a,x);
        printf("%d",x);
    }
    printf("\n");
}
```

A. 1234　　　　B. 4321　　　　C. 0000　　　　D. 4444

18. 若定义了以下函数,p 是该函数的形参,要求通过 p 把动态分配存储单元的地址传回主调函数,则形参 p 的正确定义应当是(　　)。

```
void fun(…)
{   …
    *p=(double*)malloc(10*sizeof(double));
    …
}
```

A. double *p　　B. float **p　　C. double **p　　D. float *p

19. 下列程序的输出结果是(　　　)。

```
struct a
{   int a,b,c;  };
main()
{   struct a s[2]={{4,5,6},{7,8,9}};
    int t;
    t=s[1].a+s[0].b;
    printf("%d \n",t);
}
```

  A. 11　　　　　　B. 12　　　　　　C. 13　　　　　　D. 14

20. 以下各选项为说明一种新的类型名，其中正确的是(　　　)。

  A. typedef v1 int；　　　　　　B. typedef v2＝int；
  C. typedef int v3；　　　　　　D. typedef v4:int；

21. 以下选项中不能把 c1 定义成结构体变量的是(　　　)。

  A. typedef struct　　　　　　　　B. struct color c1
    { int red；　　　　　　　　　　{ int red；
     int green；　　　　　　　　　　int green；
     int blue；　　　　　　　　　　　int blue；
    }COLOR；　　　　　　　　　　　}；
    COLOR c1；
  C. struct color　　　　　　　　　　D. struct
    { int red；　　　　　　　　　　{ int red；
     int green；　　　　　　　　　　int green；
     int blue；　　　　　　　　　　　int blue；
    }c1；　　　　　　　　　　　　　}c1；

22. 有以下程序，程序执行后的输出结果是(　　　)。

```
fun(char p[][10])
{   int n=0,i;
    for(i=0;i<7;i++)   if(p[i][0]=='T')  n++;
    return n;
}
main()
{   char str[][10]={"Mon", "Tue", "Wed", "Thu", "Fri", "Sat", "Sun" };
    printf("%d\n",fun(str));
}
```

  A. 1　　　　　　　B. 2　　　　　　　C. 3　　　　　　　D. 0

23. 以下程序的输出结果是(　　　)。

```
int a[3][3]={1,2,3,4,5,6,7,8,9},* p；
```

```
main()
{   p=(int*)malloc(sizeof(int));
    f(p,a);
    printf("%d \n",*p);
}
f(int *s,int p[][3])
{  *s=p[1][1];  }
```
  A. 1   B. 4   C. 7   D. 5

24. 下面程序把数组元素中的最大值放入 a[9] 中。则 if 语句中的条件表达式应该是（ ）。

```
main()
{   int a[10]={6,7,2,9,1,10,5,8,4,3},*p=a,i;
    for(i=0;i<10;i++,p++)     if(_____)   *a=*p;
    printf("%d",*a);
}
```
  A. p>a   B. *p>a[9]
  C. *p>*a[9]   D. *p[0]>*a[9]

25. 有以下程序，程序运行后的结果是（ ）。

```
main()
{   int a[]={2,4,6,8,10},y=0,x,*p;
    p=&a[1];
    for(x=1;x<3;x++)    y+=p[x];
    printf("%d\n",y);
}
```
  A. 10   B. 11   C. 14   D. 15

26. 下列语句中，符合 C 语言语法的赋值语句是（ ）。
  A. a=5+c=a+7;   B. b=7+b++=a+1;
  C. a=1+b,b--   D. a=7+c,c=a+7;

27. 以下程序段的输出结果是（ ）。

```
int a=1234
printf("%2d\n",a);
```
  A. 12   B. 34   C. 提示出错   D. 1234

28. 有以下程序，程序运行后，若从键盘输入（从第 1 列开始）

123<CR>
45678<CR>

则输出结果是（ ）。

```
main()
```

```
{   char c1,c2,c3,c4,c5,c6;
    scanf("%c%c%c%c",&c1,&c2,&c3,&c4);
    c5=getchar();      c6=getchar();
    putchar(c1);       putchar(c2);
    printf("%c%c\n",c5,c6);
}
```

  A. 1267   B. 1256   C. 1278   D. 1245

29. 若有定义 int x,y;char a,b,c;,并有以下输入数据(此处<CR>代表换行符,u 代表空格)1u2<CR>AuBuC<CR>,则能给 x 赋整数1,给 y 赋整数2,给 a 赋字符 A,给 b 赋字符 B,给 c 赋字符 C 的正确程序段是( )。

  A. scanf("x=%d y+%d",&x,&y);a=getchar();b=getchar();c=getchar();
  B. scanf("%d %d",&x,&y);a=getchar();b=getchar();c=getchar();
  C. scanf("%d%d%c%c%c",&x,&y,&a,&b,&c);
  D. scanf("%d%d%c%c%c%c%c",&x,&y,&a,&a,&b,&b,&c,&c);

30. 设 char 型变量 x 中的值为 10100111,则表达式(2+x)^(3)的值是( )。
  A. 10101001   B. 10101000   C. 10110101   D. 10101010

31. 以下程序的输出结果是( )。

```
main()
{   int a=2,c=5;
    printf("a=%%d,b=%%d\n",a,c);
}
```

  A. a=%2,b=%5   B. a=2,b=5
  C. a=%%d,b=%%d   D. a=%d,b=%d

32. 若有以下程序段,则执行后,c3 中的值是( )。

```
int c1=1,c2=2,c3;
c3=1.0/c2*c1;
```

  A. 0   B. 0.5   C. 1   D. 2

33. C 语言中用于结构化程序设计的 3 种基本结构是( )。
  A. if、for、continue   B. 顺序结构、选择结构、循环结构
  C. if、switch、break   D. for、while、do…while

34. 有以下程序,若运行时输入:２４６<回车>,则输出结果为( )。

```
main()
{   int x[3][2]={0},i;
    for(i=0;i<3;i++)   scanf("%d",x[i]);
    printf("%3d%3d%3d\n",x[0][0],x[0][1],x[1][0]);
}
```

  A. ２ ０ ４   B. ２ ０ ０   C. ２ ４ ０   D. ２ ４ ６

35. 有如下程序,该程序的输出结果是(   )。

```
main()
{   char ch[2][5]={"6937","8254"},* p[2];
    int i,j,s=0;
    for(i=0;i<2;i++)   p[i]=ch[i];
    for(i=0;i<2;i++)
        for(j=0;p[i][j]>'\0';j+=2) s=10*s+p[i][j]-'0';
    printf("%d\n",s);
}
```

    A. 69825　　　　　B. 63825　　　　　C. 6385　　　　　D. 693825

二、程序填空题(共 1 题,每题 10 分)

给定程序的功能是计算学生的平均成绩和不及格的人数。请在程序的下画线处填入正确的内容并把下画线删除,使程序输出正确的结果。

注意：不得增加行或删除行,也不得更改程序的结构。

```
#include<stdio.h>
struct stu_list
{   int num;
    char name[20], char sex;
    float score;
}s[5]={{9801,"Li Jie",'M',56.5},{9802,"Yang YiHang",'M',83.5},
       {9803,"Zhang Ping",'F',90.5},{9804,"Yuan Rui",'F',93},
       {9805,"Li Yanli",'F',56}};
main()
{   int i,c=0; float ave,sum=0;
    for(i=0;i<5;i++)
    {
/************* * found************* */
        sum+= 【1】 ;
/************* * found************* */
        if 【2】  c+=1;
    }
    printf("sum=%f \n",sum);
/************* * found************* */
     【3】  ;
    printf("average=%f \ncount=%d \n",ave,c);
    return;
}
```

三、程序修改题(共 1 题,每题 10 分)

下面给定程序中,函数 fun()的功能是输入两个双精度数,函数返回它们的平方根的和。例如,输入 22.993612 和 84.57629812,输出为 $y=13.991703$。请改正 fun() 函数中的错误,使它能输出正确的结果。

注意:不要改动 main() 函数,不得增加行或删除行,也不得更改程序的结构。

```
#include<stdio.h>
#include<math.h>
/**********FOUND**********/
double fun(double * a, * b)
{   double c;
/**********FOUND**********/
    c=sqrt(a)+sqrt(b);
    return c;
}
main ()
{   double a, b, y;
    printf("Enter a, b:  ");
    scanf("%lf%lf", &a, &b);
    y=fun (&a, &b);
    printf("y=%f \n", y);
}
```

四、程序设计题(共 1 题,每题 10 分)

函数 fun() 的功能是统计老年人各年龄段的人数并存到 b 数组中,n 个人员的年龄放在 a 数组中。年龄为 60~69 的人数存到 b[0] 中,年龄为 70~79 的人数存到 b[1],年龄为 80~89 的人数存到 b[2],年龄为 90~99 的人数存到 b[3],年龄为 100 岁(含 100)以上的人数存到 b[4],年龄为 60 岁以下的人数存到 b[5] 中。例如,当 a 数组中的数据为 93、85、77、68、59、43、94、75、110。调用该函数后,b 数组中存放的数据应是 1、2、1、2、1、2。勿改动主函数 main() 和其他函数中的任何内容,仅在函数 fun() 的"{}"之间填入编写的若干语句。

```
#include<stdio.h>
void fun(int a[], int b[], int n)
{

}
main()
{   int i, a[100]={ 93,85,77,68,59,43,94,75,110}, b[6];
    fun(a, b, 9);  printf("The result is: ");
    for(i=0; i<6; i++)  printf("%d ", b[i]);
}
```

模拟练习 5

一、单选题(共 35 题,每题 2 分,共 70 分)

1. 以下程序运行后的输出结果是(   )。

```
main()
{   char m;
    m='T'+32;
    printf("%c\n",m);
}
```

  A. r   B. s   C. t   D. w

2. 以下程序的功能是进行位运算,程序运行后的输出结果是( )。

```
main()
{   unsigned char a,b;
    a=7^3; b=~ 4&3;
    printf("%d %d\n",a,b);
}
```

  A. 4 3   B. 7 3   C. 7 0   D. 4 0

3. 有以下程序,若从键盘上输入 20A10<CR>,则输出结果是( )。

```
main()
{   int m=0,n=0; char c='a';
    scanf("%d%c%d",&m,&c,&n);
    printf("%d,%c,%d\n",m,c,n);
}
```

  A. 20,A,10   B. 16,a,10   C. 20,a,0   D. 20,A,0

4. 有以下程序,程序运行后的输出结果是( )。

```
main()
{   int a=3, b=4, c=2, d=5;
    if(a>b)
        if(b>c)   printf("%d", d++1);
        else      printf("%d", ++d+1);
    printf("%d\n", d);
}
```

  A. 6   B. 5   C. 7   D. 55

5. 若程序中已包含头文件 stdio.h,以下选项中,正确运用指针变量的程序段是( )。
  A. int *i=NULL; scanf("%d",i);   B. float *f=NULL *f=10.5;
  C. char t='m', *c=&t; *c=&t;   D. long *p; p='\0';

6. 以下叙述中错误的是( )。
  A. 用户所定义的标识符允许使用关键字
  B. 用户所定义的标识符应尽量做到"见名知意"
  C. 用户所定义的标识符必须以字母或下画线开头
  D. 用户所定义的标识符中,大小写字母代表不同标识

7. 若有以下程序段,执行后输出结果是( )。

```
main()
{   int m=0xabf,n=0xabc;
    m-=n;
    printf("%X\n", m);
}
```

    A. 0X0   B. 0x2   C. 2   D. 0XABC

8. 若以下选项中的变量已正确定义,则正确的赋值语句是( )。

    A. x1=26.8%3;   B. 1+2=x2;   C. x3=0x12;   D. x4=1+2=3;

9. 有以下程序,程序运行后的输出结果是( )。

```
main()
{   int  a=0,b=0;
    a=100;              /*给 a 赋值
    b=20;               给 b 赋值             */
    printf("a+b=%d\n",a+b);  /*输出计算结果    */
}
```

    A. a+b=100   B. a+b=120   C. 120   D. 出错

10. 设有定义 float a=2,b=4,h=3;;以下 C 语言表达式与代数式 1/2((a+b)h)计算结果不相符的是( )。

    A. (a+b)*h/2   B. (1/2)*(a+b)*h

    C. (a+b)*h*1/2   D. h/2*(a+b)

11. 以下程序的输出结果是( )。

```
main()
{   int i=10,j=10;
    printf("%d,%d\n",++i,j--);
}
```

    A. 11,10   B. 9,10   C. 010,9   D. 10,9

12. 以下程序的输出结果是( )。

```
int a,b;
void fun()
{   a=100;
    b=200;
}
main()
{   int a=5,b=7;
    fun();
    printf("%d%d\n",a,b);
}
```

    A. 100200   B. 57   C. 200100   D. 75

13. 以下叙述中正确的是(　　)。

　　A. 预处理命令行必须位于源文件的开头
　　B. 在源文件的一行中可以有多条预处理命令
　　C. 宏名必须用大写字母表示
　　D. 宏替换不占用程序的运行时间

14. 用C语言编写的代码程序(　　)。

　　A. 不是一个源程序　　　　　　　　B. 文件扩展名是.c
　　C. 经过编译即可执行　　　　　　　D. 经过编译解释才能执行

15. 有以下程序,执行后的输出结果是(　　)。

```
fun(int x)
{   int p;
    if(x==0||x==1)
    return(3);
    p=x-fun(x-2);
    return p;
}
main()
{   printf("%d\n",fun(7));   }
```

　　A. 7　　　　　　　B. 3　　　　　　　C. 2　　　　　　　D. 0

16. 有如下程序,程序的运行结果为(　　)。

```
void fun(char *a,char *b)
{   a=b; (*a)++;   }
main()
{   char c1='A',c2='a',*p1,*p2;
    p1=&c1;p2=&c2;fun(p1,p2);
    printf("%c%c\n",c1,c2);
}
```

　　A. Ba　　　　　　B. aa　　　　　　C. Ab　　　　　　D. bb

17. 有如下函数调用语句,func(rec1,rec2+rec3,rec4,rec5);,该函数调用语句中,含有的实参个数是(　　)。

　　A. 4　　　　　　　B. 3　　　　　　　C. 5　　　　　　　D. 有语法错

18. 有以下程序,程序运行后的输出结果是(　　)。

```
#define P 3
void F(int x)   {   return (P*x*x);   }
main()
{   printf("%d\n",F(3+5));   }
```

　　A. 192　　　　　　B. 29　　　　　　C. 25　　　　　　D. 编译出错

19. 若有以下定义和语句,则以下语句正确的是(　　)。

```
union data
```

212

{ int i;char c;float f; }x;
int y;

  A. x=10.5;   B. x.c=101;

  C. y=x;   D. printf("%d\n",x)

20. 有以下结构体说明和变量的定义,且如下图所示指针 p 指向变量 a,指针 q 指向变量 b。则不能把结点 b 连接到结点 a 之后的语句是(　　)。

```
struct node
{ char data;
   struct node * next;
}a,b, * p=&a, * q=&b;
```

  A. a.next=q;   B. p.next=&b;

  C. p->next=&b;   D. (*p).next=q;

21. 设有如下说明,则下面叙述中正确的是(　　)。

```
typedef struct ST
{ long a; int b; char c[2];
}NEW;
```

  A. 以上的说明形式非法   B. ST 是一个结构体类型

  C. NEW 是一个结构体类型   D. NEW 是一个结构体变量

22. 下面程序的输出是(　　)。

```
main()
{  enum team {my,your=4,his,her=his+10};
   printf("%d %d %d %d\n",my,your,his,her);
}
```

  A. 0 1 2 3   B. 0 4 0 10   C. 0 4 5 15   D. 1 4 5 15

23. 若有以下定义和语句,则对 s 数组元素的正确引用形式是(　　)。

```
int s[4][5],(*ps)[5];
ps=s;
```

  A. ps+1   B. *(ps+3)   C. ps[0][2]   D. *(ps+1)+3

24. 有以下程序,其输出结果是(　　)。

```
void swap1(int c[])
{  int t;
   t=c[0];  c[0]=c[1];  c[1]=t;
}
void swap2(int c0,int c1)
{  int t;
   t=c0;  c0=c1;  c1=t;
}
```

```
main()
{   int a[2]={1,2},b[2]={3,4};
    swap1(a);
    swap2(b[0],b[1]);
    printf("%d %d %d %d\n",a[0],a[1],b[0],b[1]);
}
```

  A. 1 2 3 4   B. 2 1 3 4   C. 2 2 4 3   D. 2 1 4 3

25. 若有以下的定义

int a[]={1,2,3,4,5,6,7,8,9,10},*p=a;

则值为3的表式是( )。

  A. p+=2,*(p++)   B. p+=2,*++p
  C. p+=3,*p++   D. p+=2,++*p

26. 若有定义 int aa[8];则以下表达式中不能代表数组元素 aa[1]的地址的是( )。

  A. &aa[0]+1 B. &aa[1] C. &aa[0]++ D. aa+1

27. 下列程序的输出结果是( )。

```
main()
{   char a[10]={9,8,7,6,5,4,3,2,1,0},*p=a+5;
    printf("%d",*--p);
}
```

  A. 非法   B. ap[4]的地址 C. 5   D. 3

28. 下列程序的输出结果是(小数点后只写一位)( )。

```
main()
{   double d; float f; long l; int i;
    i=f=l=d=20/3;
    printf("%d %ld %f %f \n",i,l,f,d);
}
```

  A. 6 6 6.0 6.0   B. 6 6 6.7 6.7
  C. 6 6 6.0 6.7   D. 6 6 6.7 6.0

29. 以下函数的功能是通过键盘输入数据,为数组中的所有元素赋值。在下画线处应填入的是( )。

```
#define N 10
void arrin(int x[N])
{   int i=0;
    while(i<N)  scanf("%d",_____);
}
```

  A. x+i   B. &x[i+1] C. x+(i++) D. &x[++i]

30. 若 int b=2;,则表达式(b<<2)/(b>>1)的值是( )。

A. 0   B. 2   C. 4   D. 8

31. 有以下程序,执行后输出结果是(   )。

```
main()
{   int x=102,y=012;
    printf("%2d,%2d\n",x,y);
}
```

　　A. 10,01   B. 2,12   C. 102,10   D. 02,10

32. 设 x,y 均为 int 型变量,且 x=10,y=3,则以下语句的输出结果是(   )。

```
printf("%d,%d\n",x--,--y);
```

　　A. 10,3   B. 9,2   C. 9,3   D. 10,2

33. 有如下程序,该程序的输出结果是(   )。

```
main()
{   int a=2,b=-1,c=2;
    if(a<b)
        if(b<0) c=0;
        else c++;
    printf("%d\n",c);
}
```

　　A. 1   B. 0   C. 2   D. 3

34. 有以下程序,程序运行后的输出结果是(   )。

```
main()
{   int p[8]={11,12,13,14,15,16,17,18},i=0,j=0;
    while(i++<7)   if(p[i]%2)   j+=p[i];
    printf("%d\n",j);
}
```

　　A. 42   B. 45   C. 56   D. 60

35. 下面程序的输出是(   )。

```
main()
{   int a[3][4]={ 1,3,5,7,9,11,13,15,17,19,21,23};
    int (*p)[4]=a,i,j,k=0;
    for(i=0;i<3;i++)
        for(j=0;j<2;j++)    k=k+*(*(p+i)+j);
    printf("%d\n",k);
}
```

　　A. 60   B. 68   C. 99   D. 108

二、程序填空题(共1题,每题10分)

给定程序中,函数 fun() 的功能是将形参 n 所指变量各位上为偶数的数去除,剩余的数按原来从高位到低位的顺序组成一个新的数,并通过形参指针 n 传回所指变量。例如,输入一个数 27638496,则新的数为 739。在程序的下画线处填入正确的内容并把下画线删除,使程序输出正确的结果。

注意:不得增加行或删除行,也不得更改程序的结构。

```
#include<stdio.h>
void fun(unsigned long * n)
{   unsigned long x=0, i;   int t;
    i=1;
    while( * n)
/**********found**********/
    {    t= * n %  【1】  ;
/**********found**********/
        if(t%2!=  【2】  )
            {   x=x+t * i;   i=i * 10;   }
        * n= * n /10;
    }
/**********found**********/
    * n=  【3】  ;
}
main()
{   unsigned long n=-1;
    while(n>99999999||n<0)
    {   printf("Please input(0<n<100000000): ");
        scanf("%ld",&n);
    }
    fun(&n);
    printf("\nThe result is: %ld\n",n);
}
```

三、程序修改题(共 1 题,每题 10 分)

下面给定程序中,函数 fun() 的功能是计算 n!。例如,给 n 输入 5,则输出 120.000000。改正程序中的错误,使程序能输出正确的结果。

注意:不要改动 main() 函数,不得增加行或删除行,也不得更改程序的结构。

```
#include<stdio.h>
double fun (int n)
{   double result=1.0;
/************FOUND************/
    if n==0
        return 1.0;
    while(n>1 && n<170)
/************FOUND************/
    {   result * =n--
```

```
        return result;
    }
}
main ()
{   int n;
    printf("Input N:");   scanf("%d", &n);
    printf("\n\n%d!=%lf\n\n", n, fun(n));
}
```

四、程序设计题(共 1 题,每题 10 分)

编写一个函数 fun(),其功能是找出一维整型数组元素中最大的值和它所在的下标,最大的值和它所在的下标通过形参传回。数组元素中的值已在主函数中赋予。主函数中 x 是数组名,n 是 x 中的数据个数,max 存放最大值,index 存放最大值所在元素的下标。勿改动主函数 main()和其他函数中的任何内容,仅在函数 fun()的"{}"之间填入编写的若干语句。

```
#include<stdio.h>
#include<stdlib.h>
void fun(int a[ ], int n, int * max, int * d)
{

}
main()
{   int i,x[20],max, index, n=10;
    for(i=0;i<n;i++)
        { x[i]=rand()%50;   printf("%4d",x[i]); }
    printf("\n");
    fun(x,n,&max,&index);
    printf("Max=%5d, Index=%4d\n",max,index);
}
```

模拟练习 6

一、单选题(共 35 题,每题 2 分,共 70 分)

1. 若 x 和 y 代表整型数据,以下表达式中不能正确表示数学关系|x-y|>10 的是(　　)。

　　A. abs(x－y)>10　　　　　　　　B. x－y<－10&&x－y>10
　　C. (x－y)<－10||(y－x)>10　　　D. (x－y)*(x－y)>100

2. 以下叙述中错误的是(　　)。

　　A. 对于 double 类型数组,可以直接用数组名对数组进行整体输入或输出
　　B. 数组名代表的是数组所占存储区的首地址,其值不可改变

C. 程序执行中,数组元素的下标超出所定义的下标范围时,系统将不给出"下标越界"的出错信息

D. 可以通过赋初值的方式确定数组元素的个数

3. 有以下程序,程序运行后的输出结果是(　　)。

```
main()
{   int i;
    for(i=0; i<3; i++)
    switch (i)
    {   case 0:     printf("%d", i);
        case 2:     printf("%d", i); break;
        default :   printf("%d", i);
    }
}
```

  A. 0211　　　　B. 0012　　　　C. 0122　　　　D. 02

4. 有以下程序,程序运行后的输出结果是(　　)。

```
main()
{   int p[10]={1,2,3,4,5,6,7,8,9,10},i=0,j=0;
    while(i++<9)    if(p[i]%2)    j+=p[i];
    printf("%d\n",j);
}
```

  A. 24　　　　B. 25　　　　C. 28　　　　D. 20

5. 有以下程序,其中函数的功能是将多个字符串按字典顺序排序,程序运行后的输出结果是(　　)。

```
#define N 5
void f(char *p[],int n)
{   char *t; int i,j;
    for(i=0;i<N-1;i++)
    for(j=i+1;j<N;j++)
    if(strcmp(p[i],p[j])>0){t=p[i];  p[i]=p[j];  p[j]=t;  }
}
main()
{   char *p[5]={"abc","aabdfg", "abbd", "dcdbe","cd"};
    f(p,5);
    printf("%d\n",strlen(p[3]));
}
```

  A. 2　　　　B. 3　　　　C. 6　　　　D. 4

6. 下列叙述中正确的是(　　)。

  A. C语言中没有逻辑和集合两种数据类型

  B. C语言中有逻辑类型

C. C语言中有集合类型

D. C语言中有逻辑类型但没有集合类型

7. 若以下选项中的变量已正确定义,则正确的赋值语句是(　　)。

　　A. x1=26％3.0；　　　　　　　　B. 1=x2+2；

　　C. x3=o12；　　　　　　　　　　D. x4=1+2=8；

8. 以下 4 个选项中,不能看作一条语句的是(　　)。

　　A. {;}　　　　　　　　　　　　B. a=0,b=0,c=0；

　　C. if(a>0)；　　　　　　　　　　D. if(b==0) m=1;n=2；

9. 若有定义 int a=8,b=5,c；则执行语句 c=a/b+0.4；后 c 的值是(　　)。

　　A. 1.4　　　　　B. 1　　　　　C. 2.0　　　　　D. 2

10. 下列关于单目运算符++、--的叙述中,关于它们的运算正确的是(　　)。

　　A. 可以是 char 型变量、int 型变量和 float 型变量

　　B. 可以是任何变量和常量

　　C. 可以是 char 型变量和 int 型变量,但不能是 float 型变量

　　D. 可以是 int 型变量,但不能是 double 型变量和 float 型变量

11. 若 x 和 y 都是 int 型变量,x=100、y=200,且有下面的程序片段

`printf("%d",(x,y));`

上面程序片段的输出结果是(　　)。

　　A. 200　　　　　　　　　　　　B. 100

　　C. 100 200　　　　　　　　　　D. 输出不确定的值

12. 以下叙述中正确的是(　　)。

　　A. 局部变量说明为 static 存储类,其生存期将得到延长

　　B. 全局变量说明为 static 存储类,其作用域将被扩大

　　C. 任何存储类的变量在未赋初值时,其值都是不确定的

　　D. 形参可以使用的存储类说明符与局部变量完全相同

13. 以下程序的输出结果是(　　)。

```
#define FUDGE(y) 2.84+y
#define PR(a) printf("%d",(int)(a))
#define PRINT1(a) PR(a);putchar('\n')
main()
{   int x=2;
    PRINT1(FUDGE(5) * x);   }
```

　　A. 11　　　　　B. 12　　　　　C. 13　　　　　D. 15

14. 以下叙述中正确的是(　　)。

　　A. C语言的源程序不必通过编译就可以直接运行

　　B. C源程序经编译和连接才能运行

　　C. C语言中的每条语句不必转换成二进制的机器指令,即可运行

D. C 语言中的函数不可以单独进行编译

15. 下面程序的输出是(   )。

```
main()
{   int fun(int);
    int t=1;
    fun(fun (t));
}
fun(int h)
{   static int a[3]={1,2,3};
    int k;
    for(k=0;k<3;k++)    a[k]+=a[k]-h;
    for(k=1;k<3;k++)    printf("%5d,",a[k]);
    return(a[h]);
}
```

  A. 5 1 5 9   B. 5 1 3 5   C. 5 0 4 8   D. 3 5 3 7

16. 下列程序的输出结果是(   )。

```
struct abc
{   int a,b,c;  };
main()
{   struct abc s[2]={{1,2,3},{4,5,6}};
    int t;
    t=s[0].a+s[1].b;
    printf("%d \n",t);
}
```

  A. 5   B. 6   C. 7   D. 8

17. 以下程序的输出是(   )。

```
struct st
{   int x;
    int * y;
} * p;
int dt[4]={10,20,30,40};
struct st aa[4]={50,&dt[0],60,&dt[0],60,&dt[0],60,&dt[0],};
main()
{   p=aa;
    printf("%d\n",++(p->x));
}
```

  A. 10   B. 11   C. 51   D. 60

18. 以下叙述中错误的是(   )。

  A. 用 typedef 定义新的类型名后，原有类型名无效

  B. 可以用 typedef 将已存在的类型用一个新的名字来代表

C. 不可以通过 typedef 增加新的类型

D. 用 typedef 可以为各种类型起别名，但不能为变量起别名

19. 以下选项中不能把 c1 定义成结构体变量的是（　　）。

A. typedef struct　　　　　　　　B. struct color
　　{ int red;　　　　　　　　　　　　{ int red;
　　　int green;　　　　　　　　　　　　int green;
　　　int blue;　　　　　　　　　　　　　int blue;
　　}COLOR;　　　　　　　　　　　　} c1
　　COLOR c1;

C. struct color　　　　　　　　　D. struct
　　{ int red;　　　　　　　　　　　　{ int red;
　　　int green;　　　　　　　　　　　　int green;
　　　int blue;　　　　　　　　　　　　　int blue;
　　}c1;　　　　　　　　　　　　　　}c1;

20. 以下程序的输出结果是（　　）。

```
main()
{ int a[3][3]={{1,2},{3,4},{5,6}},i,j,s=2;
  for(i=1;i<3;i++)
     for(j=0;j<=i;j++)   s+=a[i][j];
  printf("%d\n",s);
}
```

A. 20　　　　　B. 19　　　　　C. 18　　　　　D. 21

21. 若有以下的说明和语句

```
main()
{ int t[3][2],*pt[3],k;
  for(k=0;k<3;k++)   pt[k]=t[k];
  ...
}
```

则以下选项中能正确表示 t 数组元素地址的表达式是（　　）。

A. &t[3][2]　　　B. *pt[0]　　　C. *(pt+1)　　　D. &pt[2]

22. 下列程序执行后的输出结果是（　　）。

```
void func(int *a,int b[])
{ b[0]=*a+6; }
main()
{ int a,b[5];
  a=0; b[0]=3;
  func(&a,b);
  printf("%d \n",b[0]);
}
```

A. 6   B. 7   C. 8   D. 9

23. 若有定义 int a[10];,则以下表达式中不能代表数组元素 a[5]的地址的是(   )。

    A. &a[0]+5   B. &a[5]   C. &a[4]++   D. a+5

24. 下面程序的输出是(   )。

```
main()
{   int a[10]={1,2,3,4,5,6,7,8,9,10},* p=a;
    printf("%d\n",* (p+2));
}
```

    A. 3   B. 4   C. 1   D. 2

25. 以下程序段的输出结果是(   )。

```
int a=23456;
printf("%3d\n",a);
```

    A. 23   B. 56
    C. 23456   D. 提示出错、无结果

26. 执行下列程序时输入 12<空格>34<空格>56<CR>,输出结果是(   )。

```
main()
{   char s[10];
    int c,i;
    scanf("%c",&c);
    scanf("%d",&i);
    scanf("%s",s);
    printf("%c%d%s \n",c,i,s);
}
```

    A. 123456   B. 1345   C. 12 34   D. 1234

27. 若变量已正确定义,则以下语句的输出结果是(   )。

```
s=32;  s^=32;  printf("%d",s);
```

    A. -1   B. 0   C. 1   D. 32

28. 以下叙述中不正确的是(   )。

    A. C 语言中的文本文件以 ASCII 码形式存储数据
    B. C 语言中对二进制文件的访问速度比文本文件快
    C. C 语言中,随机读写方式不适用于文本文件
    D. C 语言中,顺序读写方式不适用于二进制文件

29. 有如下程序,该程序的输出的结果是(   )。

```
main()
{   int x=1,a=0,b=0;
    switch(x)
```

```
    {  case 0: b++;
       case 1: a++;
       case 2: a++;b++;
    }
    printf("a=%d,b=%d\n",a,b);
}
```

  A. a=2,b=1 B. a=1,b=1 C. a=1,b=0 D. a=2,b=2

30. 设 a、b、c、d、m、n 均为 int 型变量,且 a=5,b=6,c=7,d=8,m=2,n=2,则逻辑表达式(m=a>b)&&(n=c>d)运算后,n 的值为( )。

  A. 0 B. 1 C. 2 D. 3

31. 有以下程序,若想从键盘上输入数据,使变量 m 中的值为 123,n 中的数值为 456,p 中的值为 789,则正确的输入是( )。

```
main()
{  int m,n,p;
   scanf("m=%dn=%dp=%d",&m,&n,&p);
   printf("%d%d%d\n",m,n,p);
}
```

  A. m=123n=456p=789   B. m=123 n456 p=789
  C. m=123,n=456,p=789   D. 123 456 789

32. 有如下程序,运行该程序的输出结果是( )。

```
main()
{  int y=3,x=3,z=1;
   printf("%d %d\n",(++x,y++),z+2);
}
```

  A. 3 4 B. 4 2 C. 4 3 D. 3 3

33. 当执行下面程序且输入:ABC 时,输出的结果是( )。

```
#include<string.h>
main()
{  char ss[10]="12345";
   strcat(ss,"6789");
   gets(ss);
   printf("%s\n",ss);
}
```

  A. ABC B. ABC9 C. 123456ABC D. ABC456789

34. 当把以下 4 个表达式中,用作 if 语句的控制表达式时,有一个选项含义不同,这个选项是( )。

  A. K%2 B. K%2==1 C. (K%2)!=0 D. !K%2==1

35. 以下程序的输出结果是( )。

```
main()
{   char ch[3][4]={"123","456","78"},* p[3];
    int i;
    for(i=0;i<3;i++)   p[i]=ch[i];
    for(i=0;i<3;i++)   printf("%s",p[i]);
}
```

    A. 123456780   B. 123　456　780
    C. 12345678   D. 147

二、程序填空题(共1题,每题10分)

给定程序的功能是建立一个带有头结点的单向链表,并用随机函数为各结点赋值。函数 fun() 的功能是将单向链表结点(不包括头结点)数据域为偶数的值累加起来,并且作为函数值返回。在程序的下画线处填入正确的内容并把下画线删除,使程序输出正确的结果。

注意:不得增加行或删除行,也不得更改程序的结构。

```
#include<stdlib.h>
typedef struct aa
{   int data; struct aa * next; }NODE;
int fun(NODE * h)
{   int sum=0;
/********** * found**********/
       【1】   * p;
/********** * found**********/
    p= 【2】 ;
    while(p)
    {   if(p->data%2==0)
        sum +=p->data;
/********** * found**********/
        p= 【3】 ;   }
    return sum;}
NODE * creatlink(int n)
{   NODE *h, * p, * s, * q;
    int i, x;
    h=p=(NODE *)malloc(sizeof(NODE));
    for(i=1; i<=n; i++)
    {   s=(NODE *)malloc(sizeof(NODE));
        s->data=rand()%16;
        s->next=p->next;
        p->next=s;
```

```
            p=p->next;
    }
    p->next=NULL;
    return h;
}
outlink(NODE * h, FILE * pf)
{   NODE * p;
    p=h->next;
    fprintf(pf,"\n\nTHE LIST :\n\n HEAD ");
    while(p)
    {   fprintf(pf,"->%d ",p->data);      p=p->next;   }
    fprintf(pf,"\n");
}
outresult(int s, FILE * pf)
{   fprintf(pf,"\nThe sum of even numbers : %d\n",s);   }
main()
{   NODE * head; int even;
    head=creatlink(12);
    head->data=9000;
    outlink(head, stdout);
    even=fun(head);
    printf("\nThe result  :\n"); outresult(even, stdout);
}
```

三、程序修改题(共 1 题,每题 10 分)

下面给定程序中,函数 fun()的功能是统计一个无符号整数中各位数字值为零的个数,通过形参传回主函数;并把该整数中各位上最大的数字值作为函数值返回。例如,若输入无符号整数 30800,则数字值为零的个数为 3,各位上数字值最大的是 8。改正函数 fun()中程序的错误,使它能输出正确的结果。

注意:不要改动 main()函数,不得增加行或删除行,也不得更改程序的结构。

```
#include<stdio.h>
int fun(unsigned n, int * zero)
{   int count=0,max=0,t;
    do
    {       t=n%10;
/**************FOUND**************/
        if(t=0)    count++;
        if(max<t)  max=t;
        n=n/10;
    }while(n);
/**************FOUND**************/
    zero=count;
```

```
        return max;
    }
main()
{   unsigned n;
    int zero,max;
    printf("\nInput n(unsigned):   ");   scanf("%d",&n);
    max=fun(n,&zero);
    printf("\nThe result:   max=%d    zero=%d\n",max,zero);
}
```

四、程序设计题(共 1 题,每题 10 分)

编写函数 fun(),其功能是将放在字符串数组中的 M 个字符串(每个字符串的长度不超过 N),按顺序合并组成一个新的字符串。例如,若字符串数组中的 M 个字符串的为 AAAA、BBBBBBB、CC 则合并后字符串的内容应是 AAAABBBBBBBCC。勿改动主函数 main()和其他函数中的任何内容,仅在函数 fun()的"{}"之间填入编写的若干语句。

```
#include<string.h>
#define M 3
#define N 20
void fun(char a[M][N],char * b)
{


}
main()
{   char w[M][N]={"AAAA","BBBBBBB","CC"},i;
    char a[100]={"####################"};
    printf("enter string:\n");
    for(i=0;i<M;i++)    puts(w[i]);
    printf("\n");
    fun(w,a);
    printf("The A string:\n");
    printf("%s",a);
    printf("\n\n");
}
```

模拟练习 7

一、单选题(共 35 题,每题 2 分,共 70 分)

1. 合法的数组定义是(　　)。
   A. int a[]={"string"};　　　　　　B. int a[]={1,2,3,1,4,6};
   C. char a="s";　　　　　　　　　D. int a[2][]={0,1,2,3,4};

2. 下述对 C 语言字符数组的描述中错误的是（　　）。

　　A. 字符数组可以存放字符串

　　B. 可以在赋值语句中通过赋值运算符"＝"对字符数组整体赋值

　　C. 字符数组中的字符串可整体输入输出

　　D. 不可以用关系运算符对字符数组中的字符串进行比较

3. 下面程序的输出结果是（　　）。

```
main()
{   int x=026;
    printf("%d\n",--x);
}
```

　　A. 17　　　　　B. 21　　　　　C. 23　　　　　D. 26

4. 若执行下面的程序时，从键盘上输入 5 4＜CR＞，则输出结果是（　　）。

```
main()
{   int a,b,s;
    scanf("%d %d",&a,&b);
    s=a;
    if(a<b)   s=b;
    s=s*s;
    printf("%d\n",s);
}
```

　　A. 5　　　　　B. 16　　　　　C. 25　　　　　D. 4

5. 下面程序的输出是（　　）。

```
main()
{   char x=030;
    printf("%d\n",x=x<<1);
}
```

　　A. 100　　　　B. 64　　　　　C. 120　　　　D. 48

6. 以下程序的输出结果是（　　）。

```
#include<math.h>
main()
{   int a=1,b=4,c=2;
    float x=10.5,y=4.0,z;
    z=(a+b)/c+sqrt((double)y)*1.2/c+x;
    printf("%f\n",z);
}
```

　　A. 14.000000　　B. 15.400000　　C. 13.700000　　D. 14.900000

7. 设有定义 float x＝2,y＝4,h＝3;；以下 C 语言表达式与代数式 1/3((x＋y)h) 计算结果不相符的是（　　）。

A. (x+y)*h/3   B. (1/3)*(x+y)*h
C. (x+y)*h*1/3   D. h/3*(x+y)

8. 有以下程序,执行后的输出结果是(　　)。

```
main()
{   int m=12,n=34;
    printf("%d%d",m++,++n);
    printf("%d%d\n",n++,++m);
}
```

A. 12353514   B. 12353513   C. 12343514   D. 12343513

9. 若 x 和 y 都是 int 型变量,x=100、y=200,且有下面的程序片段

`printf("%d",x,y);`

上面程序片段的输出结果是(　　)。

A. 200   B. 100
C. 100   200   D. 输则格式符不够,输出不确定的值

10. 有以下程序,执行后的输出结果是(　　)。

```
int a=1;
int f(int *a)
{   return (*a)++; }
main()
{   int s=0;
    {   int a=6;
        s+=f(&a);
    }
    s+=f(&a);
    printf("%d\n",s);
}
```

A. 7   B. 6   C. 4   D. 5

11. 有以下程序,执行后的输出结果是(　　)。

```
fun(int x, int y)
{   static int m=0,i=2;
    i+=m+1;
    m=i+x+y;
    return m;
}
main()
{   int j=1,m=1,k;
    k=fun(j,m);   printf("%d,",k);
    k=fun(j,m);   printf("%d\n",k);
}
```

A. 5,5　　　　　B. 5,11　　　　　C. 11,11　　　　　D. 11,5

12. 以下程序的输出结果是(　　)。

```
#define M(x,y,z) x*y+z
main()
{   int a=1,b=2,c=3;
    printf("%d\n",M(a+b,b+c,c+a));
}
```

A. 19　　　　　B. 17　　　　　C. 15　　　　　D. 12

13. 以下程序的输出结果是(　　)。

```
fut(int **s,int p[2][3])
{   **s=p[1][1]; }
main()
{   int a[2][3]={1,3,5,7,9,11},*p;
    p=(int *)malloc(sizeof(int));
    fut(&p,a);
    printf("%d\n",*p);
}
```

A. 1　　　　　B. 7　　　　　C. 9　　　　　D. 11

14. 结构化程序由3种基本结构组成,3种基本结构组成的算法(　　)。

　　A. 可以完成任何复杂的任务　　　　B. 只能完成部分复杂的任务
　　C. 只能完成符合结构化的任务　　　D. 只能完成一些简单的任务

15. 有以下程序,执行后的输出结果是(　　)。

```
fun(int x)
{   int p;
    if(x==0||x==1)    return 2;
    p=x-fun(x-1);
    return p;
}
main()
{   printf("%d\n",fun(7));   }
```

A. 7　　　　　B. 3　　　　　C. 5　　　　　D. 2

16. 以下程序的输出结果是(　　)。

```
main()
{   int w=5;
    fun(w);
    printf("\n");
}
fun(int k)
{   if(k>0)   fun(k-1);
```

```
        printf("%d ",k);
}
```

    A. 5 4 3 2 1   B. 0 1 2 3 4 5   C. 1 2 3 4 5   D. 5 4 3 2 1 0

17. 当执行下面的程序时,如果输入 ABC,则输出结果是(　　)。

```
#include "string.h"
main()
{   char ss[10]="12345";
    gets(ss);
    strcat(ss,"6789");
    printf("%s\n",ss);
}
```

    A. ABC6789   B. ABC67   C. 12345ABC6   D. ABC456789

18. 有如下程序,执行后的输出结果是(　　)。

```
long fib(int n)
{   if(n>2)   return(fib(n-1)+fib(n-2));
    else   return(2);
}
main()
{ printf("%ld\n",fib(3));  }
```

    A. 2   B. 4   C. 6   D. 8

19. 字符'0'的 ASCII 码的十进制数为48,且数组的第0个元素在低位,则以下程序的输出结果是(　　)。

```
main()
{   union
    {   int i[2];
        long k;
        char c[4];
    }r,*s=&r;
    s->i[0]=0x30;
    s->i[1]=0x31;
    printf("%c\n",s->c[0]);
}
```

    A. 30   B. 1   C. 31   D. 0

20. 以下程序的执行结果是(　　)。

```
main()
{   typedef union
    {   long i;
        int k[2];
        char c;
```

```
}DATE;
struct date
{   int cat;
    DATE cow;
    double dog;
}too;
DATE max;
printf("%d",sizeof(struct date)+sizeof(max));
}
```
    A. 25   B. 32   C. 36   D. 24

21. 下面程序的输出是(   )。

```
main()
{   enum team {my,your=3,his,her=his+10};
    printf("%d %d %d %d\n",my,your,his,her);
}
```
    A. 0 1 2 3   B. 0 3 4 14   C. 0 4 5 15   D. 1 4 5 15

22. 有以下程序,执行后的输出结果是(   )。

```
main()
{   int m[][3]={1,4,7,2,5,8,3,6,9};
    int i,j,k=1;
    for(i=0;i<3;i++)
    {   printf("%d ",m[k][i]);   }
}
```
    A. 4 5 6   B. 3 6 9   C. 2 5 8   D. 7 8 9

23. 若有以下的定义 int t[3][5];,能正确表示 t 数组元素地址的表达式是(   )。
    A. &t[3][5]   B. t[5]   C. t[0]   D. *t[3]

24. 以下程序的输出结果是(   )。

```
main()
{   int i,x[3][3]={9,8,7,6,5,4,3,2,1},*p=&x[1][1];
    for(i=0;i<4;i+=3)   printf("%d ",p[i]);
}
```
    A. 5 2   B. 5 1   C. 5 3   D. 9 7

25. 下面程序把数组元素中的最小值放入 a[0]中,则在 if 语句中的条件表达式应该是(   )。

```
main()
{   int a[10]={6,7,2,9,1,10,5,8,4,3},*p=a,i;
    for(i=0;i<10;i++,p++)
        if(_____)   *a=*p;
```

```
        printf("%d",*a);
}
```
    A. p>a   B. *p>a[0]
    C. *p<*a[0]   D. *p[0]>*a[0]

26. 已知字母 A 的 ASCII 码为十进制的 65,下面程序的输出是( )。

```
main()
{   char ch1,ch2;
    ch1='A'+'5'-'3';
    ch2='A'+'6'-'3';
    printf("%d,%c\n",ch1,ch2);
}
```
    A. 67,D   B. B,C   C. C,D   D. 不确定的值

27. 执行下列程序时输入 a<空格>123<空格>456<CR>,输出结果是( )。

```
main()
{   char s[10];
    int c,i;
    scanf("%c",&c);
    scanf("%d",&i);
    scanf("%s",s);
    printf("%c,%d,%s \n",c,i,s);
}
```
    A. a456   B. 123456   C. a123   D. a123456

28. 若要求从键盘读入含有空格字符的字符串,应使用函数( )。
    A. getc()   B. gets()   C. getchar()   D. scanf()

29. 有以下定义,不能正常给 a 数组输入字符串的语句是( )。

char a[10],*p=a;
    A. scanf(%s,a)   B. gets(a[0])   C. gets(&a[0]);   D. gets(p);

30. 设 char 型变量 x 中的值为 10100111,则表达式~(1+x)^(3)的值是( )。
    A. 10101101   B. 10101001   C. 11011101   D. 01010100

31. 已定义 ch 为字符型变量,以下赋值语句中错误的是( )。
    A. ch='\';   B. ch=62+3;   C. ch=NULL;   D. ch='\xaa';

32. 有以下程序,执行后的输出结果是( )。

```
main()
{   int x,y,z;
    x=y=1;
    z=x++,y++,++y;
    printf("%d,%d,%d\n",x,y,z);
}
```

A. 2,3,3　　　　B. 2,3,2　　　　C. 2,3,1　　　　D. 2,2,1

33. 有以下程序,程序运行后的输出结果是(　　)。

```
main()
{   int i;
    for(i=0;i<3;i++)
        switch(i)
        { case 0:printf("%d",i);
          case 2:printf("%d",i);
          default:printf("%d",i);
        }
}
```

　　A. 022111　　　B. 000122　　　C. 021021　　　D. 012

34. 以下程序的输出结果是(　　)。

```
main()
{   int i, k,a[10],p[3];
    k=5;
    for(i=0;i<10;i++)   a[i]=i;
    for(i=0;i<3; i++)   p[i]=a[i*(i+1)];
    for(i=0;i<3; i++)   k+=p[i]*2;
    printf("%d\n",k);
}
```

　　A. 24　　　　　B. 21　　　　　C. 22　　　　　D. 23

35. 有如下程序,执行后的输出结果是(　　)。

```
main()
{   int a[3][3],*p,i;
    p=&a[0][0];
    for(i=0;i<9;i++)   p[i]=i+1;
    printf("%d\n",a[1][2]);
}
```

　　A. 6　　　　　B. 3　　　　　C. 9　　　　　D. 2

二、**程序填空题**(共1题,每题10分)

给定程序的功能是用递归法计算 $n!$。用递归方法计算 $n!$,可使用如下公式表示

$$n! = \begin{cases} 1, & n=0,1 \\ n(n-1)!, & n>1 \end{cases}$$

在程序的下画线处填入正确的内容并把下画线删除,使程序输出正确的结果。
注意:不得增加行或删除行,也不得更改程序的结构。

```
#include<stdio.h>
```

```
long ref(int n)
{   long m;
    if(n<0) printf("n<0,input error");
/***********found***********/
    else if( 【1】 ) m=1;
/***********found***********/
    else  【2】 ;
    return(m);
}
main()
{   int n;
    long y;
    printf("\n input a integer number:");
/***********found***********/
    scanf("%d", 【3】 );
    y=ref(n);
    printf("%d!=%ld",n,y);
    return;
}
```

三、程序修改题(共1题,每题10分)

下面给定程序中,函数 fun() 的功能是用下面的公式求 π 的近似值,直到最后一项的绝对值小于指定的数(参数 num)为止。

$$\frac{\pi}{4} \approx 1 - \frac{1}{3} + \frac{1}{5} - \frac{1}{7} + \cdots$$

例如,程序运行后,输入 0.0001,则程序输出 3.1414。改正函数 fun() 中的错误,使它能输出正确的结果。

注意:不要改动 main() 函数,不得增加行或删除行,也不得更改程序的结构。

```
#include<stdio.h>
#include<math.h>
float fun (float num)
{   int s;
    float n, t, pi;
    t=1; pi=0; n=1;   s=1;
/**************FOUND**************/
    while(t>=num)
    {   pi=pi+t;
        n=n+2;
        s=-s;
/**************FOUND**************/
        t=s %n;
    }
```

```
        pi=pi * 4;
        return pi;
}
main()
{   float n1, n2;
    printf("Enter a float number: ");
    scanf("%f", &n1);
    n2=fun(n1);
    printf("%6.4f\n", n2);
}
```

四、程序设计题(共 1 题,每题 10 分)

编写函数 int fun (int a[M][N]),a 是一个 M 行 N 列的二维数组,函数的功能是求出二维数组周边元素之和,作为函数值返回。二维数组中的值由主函数传入。例如,二维数组中的值为

$$
\begin{matrix}
1 & 3 & 5 & 7 & 9 \\
2 & 9 & 9 & 9 & 4 \\
6 & 9 & 9 & 9 & 8 \\
1 & 3 & 5 & 7 & 0
\end{matrix}
$$

则函数返回值为 61。勿改动主函数 main()和其他函数中的任何内容,仅在函数 fun()的"{}"之间填入编写的若干语句。

```
#include<stdio.h>
#include<conio.h>
#define M 4
#define N 5
int fun(int a[M][N])
{


}
main()
{   0int aa[M][N]={{1,3,5,7,9},{2,9,9,9,4},{6,9,9,9,8},{1,3,5,7,0}};
    int i,j,y;
    for(i=0;i<M;i++)
    {   for(j=0;j<N;j++)   printf("%6d",aa[i][j]);
        printf("\n");
    }
    y=fun(aa);
    printf("\nThe sum :%d\n",y);
    printf("\n");
}
```

模拟练习 8

一、单选题(共 35 题,每题 2 分,共 70 分)

1. 在一个源文件中定义的全局变量的作用域为( )。
    A. 本文件的全部范围　　　　　　　　B. 本程序的全部范围
    C. 本函数的全部范围　　　　　　　　D. 从定义变量的位置开始到文件结束
2. 输出字符串时,printf()函数所使用的格式字符是( )。
    A. %d　　　　B. %c　　　　C. %f　　　　D. %s
3. 能正确表示 a≥10 或 a≤0 的关系表达式是( )。
    A. a>=10 or a<=0　　　　　　　　B. a>=10|a<=0
    C. a>=10&&a<=0　　　　　　　　D. a>=10||a<=0
4. 以下程序的输出结果是( )。

```
main()
{   int a,b,d=121;
    a=d/100%9;
    b=(-1)&&(-1);
    printf("%d,%d\n",a,b);
}
```

    A. 6,1　　　　B. 2,1　　　　C. 6,0　　　　D. 1,1
5. 如下 for 循环( )。

```
for(x=0,y=0; (y!=123)&&(x<=4); x++);
```

    A. 是无限循环
    C. 执行 5 次
    B. 循环次数不定
    D. 执行 3 次
6. 以下定义语句中正确的是( )。
    A. char a='A' b='B';　　　　　　　B. float a=b=10.0;
    C. int a=10,*b=&a;　　　　　　　D. float *a,b=&a;
7. 设有 int x=11;,则表达式(x++ * 1/3) 的值是( )。
    A. 3　　　　B. 4　　　　C. 11　　　　D. 12
8. 有以下程序,程序运行后的输出结果是( )。

```
main()
{   int m=0256,n=256;
    printf("%o %o\n",m,n);
}
```

    A. 0256 0400　　B. 0256 256　　C. 256 400　　D. 400 400
9. 若执行下面的程序时,从键盘上输入 6,则输出结果是( )。

```
main()
{   int x;
    scanf("%d",&x);
    if(x++>5)   printf("%d\n",x);
    else    printf("%d\n",x--);
}
```

  A. 7   B. 6   C. 5   D. 4

10. 下面程序的输出结果是(　　)。

```
fun3(int x)
{   static int a=2;
    a+=x;
    return(a);
}
main()
{   int k=2, m=3, n;
    n=fun3(k);
    n=fun3(m);
    printf("%d\n",n);
}
```

  A. 8   B. 6   C. 7   D. 9

11. 以下叙述中正确的是(　　)。

  A. 静态局部变量在未赋初值时,其值都是确定的

  B. 全局变量说明为 static 存储类,其作用域将被扩大

  C. 局部变量说明为 static 存储类,其生存期将不变

  D. 形参可以使用的存储类说明符与局部变量完全相同

12. 以下叙述中正确的是(　　)。

  A. 宏替换占用程序的运行时间

  B. 在源文件的一行中可以有多条预处理命令

  C. 宏名必须用大写字母表示

  D. 预处理命令行不必位于源文件的开头

13. 有以下程序,程序运行后的输出结果是(　　)。

```
#define f(x) (x*x)
main()
{   int i1,i2;
    i1=f(8)/f(4);
    i2=f(4+4)/f(2+2);
    printf("%d,%d\n",i1,i2);
}
```

  A. 64,28   B. 4,4   C. 4,3   D. 64,64

14. 一个算法应该具有"确定性"等 5 个特性,下面对另外 4 个特性的描述中错误的是(   )。

    A. 有零个或多个输入　　　　　　　B. 有零个或多个输出
    C. 有穷性　　　　　　　　　　　　D. 可行性

15. 假定下列程序的可执行文件名为 prg.exe,则在该程序所在的子目录下输入命令行 prg hello good <CR>后,程序的输出结果是(   )。

```
main(int argc,char *argv[])
{   int i;
    if(argc<=0) return;
    for(i=1;i<argc;i++)   printf("%c",*argv[i]);
}
```

    A. hello good　　B. hg　　　　C. hel　　　　D. hellogood

16. 在函数调用过程中,如果函数 funA() 调用了函数 funB(),函数 funB() 又调用了函数 funA(),则(   )。

    A. 称为函数的直接递归调用　　　　B. 称为函数的间接递归调用
    C. 称为函数的循环调用　　　　　　D. C 语言中不允许这样的递归调用

17. 有以下函数,该函数返回值是(   )。

```
char *fun(char *p) {  return p; }
```

    A. 无确切的值　　　　　　　　　　B. 形参 p 中存放的地址值
    C. 一个临时存储单元的地址　　　　D. 形参 p 自身的地址值

18. 有以下说明和定义语句,下面选项中引用结构体变量成员的表达式错误的是(   )。

```
struct student
{  int age; char num[8]; };
struct student stu[3]={{20,"200401"},{21,"200402"},{19,{"200403"}};
struct student *p=stu;
```

    A. (p++)->num　　　　　　　　　B. p->num
    C. (*p).num　　　　　　　　　　　D. stu[3].age

19. 设有如下枚举类型定义,枚举量 Fortran 的值为(   )。

```
enum language {Basic=3,Assembly,Ada=100,COBOL,Fortran};
```

    A. 4　　　　B. 7　　　　C. 102　　　　D. 103

20. 设有以下说明语句,则下面的叙述中不正确的是(   )。

```
typedef struct
{ int x; float y; char z;
} EXAM;
```

    A. struct 是结构体类型的关键字

B. 用新类型 EXAM 不可以定义结构体变量

C. x,y,z 都是结构体成员

D. EXAM 是结构体类型

21. 若有定义 int w[3][5];,则以下不能正确表示该数组元素的表达式是(　　)。

　　A. *(*w+3)　　　　　　　　B. *(w+1)[4]

　　C. *(*(w+1))　　　　　　　D. *(&w[0][0]+1)

22. 若有以下的说明和语句,则以下选项中能正确表示 t 数组元素地址的表达式是(　　)。

```
main()
{  int t[5][5],*p[5],k;
   for(k=0;k<5;k++)   p[k]=t[k];
     …
}
```

　　A. &t[5][5]　　B. *p[0]　　C. *(p+2)　　D. &p[2]

23. 下面程序的输出结果是(　　)。

```
f(int b[],int n)
{  int i,r;
   r=1;
   for(i=0;i<=n;i++)   r=r*b[i];
   return r;
}
main()
{  int x,a[]={2,3,4,5,6,7,8,9};
   x=f(a,3);
   printf("%d\n",x);
}
```

　　A. 720　　　　B. 120　　　　C. 24　　　　D. 6

24. 合法的数组定义是(　　)。

　　A. int a[]="string";　　　　B. int a[5]={0,1,2,3,4,5};

　　C. char s="string";　　　　D. char a[]={0,1,2,3,4,5};

25. 下列语句中符合 C 语言语法的赋值语句是(　　)。

　　A. a=7+b+c=a+7;　　　　B. a=7+b++=a+7;

　　C. a=7+b,b++,a+7　　　　D. a=7+b,c=a+7;

26. 有以下程序,当运行时输入 a<CR>后,以下叙述正确的是(　　)。

```
main()
{  char c1='1',c2='2';
   c1=getchar();
   c2=getchar();
   putchar(c1);
```

```
            putchar(c2);
        }
```
  A. 变量 C1 被赋予字符 a,c2 被赋予回车符
  B. 程序将等待用户输入第 2 个字符
  C. 变量 c1 被赋予字符 a,c2 中仍是原有字符 2
  D. 变量 c1 被赋予字符 a,c2 中将无确定值

27. 若有说明 long *p,a;,则不能通过 scanf()语句正确给输入项读入数据的程序段是(　　)。
  A. *p=&a; scanf("%ld",p);
  B. p=(long *)malloc(8); scanf("%ld",p);
  C. scanf("%ld",p=&a);
  D. scanf("%ld",&a);

28. 若变量已正确说明为 float 类型,要通过语句 scanf("%f%f%f",&a,&b,&c);给 a 赋予 10.0,b 赋予 22.0,c 赋予 33.0,不正确的输入形式是(　　)。
  A. 10<CR>　　　　　　　　　　B. 10.0<CR>
    22<CR>　　　　　　　　　　 22.0　33.0<CR>
    33<CR>
  C. 10.0,22.0,33.0<CR>　　　　　D. 10 22<CR>
                 33<CR>

29. 以下程序的功能是进行位运算,程序运行后的输出结果是(　　)。
```
main()
{   unsigned char a,b;
    a=7^3;  b=4&3;
    printf("%d %d \n",a,b);
}
```
  A. 4 0　　　　B. 4 3　　　　C. 7 0　　　　D. 7 3

30. 若要打开 D 盘上 user 子目录下名为 abc.txt 的文本文件进行写操作,下面符合此要求的函数调用是(　　)。
  A. fopen("D:\user\abc.txt","r")
  B. fopen("D:\\user\\abc.txt","w")
  C. fopen("D:\user\abc.txt","rb")
  D. fopen("D:\\user\\abc.txt","w+")

31. 设有说明语句:char a='\72';,则变量 a(　　)。
  A. 包含 1 个字符　　　　　　　　B. 包含 2 个字符
  C. 包含 3 个字符　　　　　　　　D. 说明不合法

32. 以下能正确计算定义且赋初值的语句是(　　)。
  A. int n1=n2=10;　　　　　　　B. char c=32;
  C. fioat f=f+1.1;　　　　　　　D. double x=12.3E2.5

33. 读下面程序,若运行时从键盘上输入 3.6 2.4＜CR＞(回车),则输出的结果是（　　）。

```
#include<math.h>
main()
{   float x,y,z;
    scanf("%f%f",&x,&y);
    z=x/y;
    while(z)
    {   if(fabs(z)>1.0)   { x=y;   y=z;   z=x/y; }
        else break;
    }
    printf("%f\n",y);
}
```

  A. 1.400000　　　B. 1.600000　　　C. 2.000000　　　D. 2.400000

34. 有以下程序,执行后的输出结果是（　　）。

```
main()
{   int p[7]={11,13,14,15,16,17,18},i=0,k=0;
    while(i<7&&p[i]%2)
    {   k=k+p[i];   i++;   }
    printf("%d\n",k);
}
```

  A. 57　　　　　B. 56　　　　　C. 45　　　　　D. 24

35. 有以下程序,执行后的输出结果是（　　）。

```
main()
{   int a[3][3],*p,i;
    p=&a[0][0];
    for(i=0;i<9;i++)   p[i]=i;
    for(i=0;i<3;i++)   printf("%d ",a[1][i]);
}
```

  A. 0 1 2　　　　B. 1 2 3　　　　C. 2 3 4　　　　D. 3 4 5

二、程序填空题(共1题,每题10分)

函数 fun() 的功能是从 3 个形参 a,b,c 中找出中间的那个数,作为函数值返回。例如,当 a=3,b=5,c=4 时,中数为 4。在程序的下画线处填入正确的内容并把下画线删除,使程序输出正确的结果。

注意：不得增加行或删除行,也不得更改程序的结构。

```
#include<stdio.h>
int fun(int a, int b, int c)
{   int t;
```

```
/**********found**********/
    t=(a>b) ? (b>c? b :(a>c? c:  【1】  )) : ((a>c)?  【2】  : ((b>c)?
    c:  【3】  ));
    return t;
}
main()
{   int a1=3, a2=5, a3=4, r;
    r=fun(a1, a2, a3);
    printf("\nThe middle number is  :  %d\n", r);
}
```

三、程序修改题（共1题，每题10分）

下面给定程序中，函数fun()的功能是求出两个非零正整数的最大公约数，并作为函数值返回。例如，若给num1和num2分别输入49和21，则输出的最大公约数为7；若给num1和num2分别输入27和81，则输出的最大公约数为27。改正程序中的错误，使它能输出正确结果。

注意：不要改动main()函数，不得增加行或删除行，也不得更改程序的结构。

```
#include<stdio.h>
int fun(int a,int b)
{   int r,t;
    if(a<b) {
/************found************/
    t=a; b=a; a=t;
    }
    r=a%b;
    while(r!=0)
    {   a=b; b=r; r=a%b;    }
/************found************/
    return(a);
}
main()
{   int num1, num2,a;
    printf("Input num1 num2:   "); scanf("%d%d",&num1,&num2);
    printf("num1=%d   num2=%d\n\n",num1,num2);
    a=fun(num1,num2);
    printf("The maximun common divisor is %d\n\n",a);
}
```

四、程序设计题（共1题，每题10分）

下面程序中，定义了$N \times N$的二维数组，并在主函数中自动赋值。请编写函数fun(int $a[\ ][N]$)，其功能是使数组左下三角元素中的值全部置成0。例如，a数组中的值为

$a = \begin{vmatrix} 1 & 9 & 7 \\ 2 & 3 & 8 \\ 4 & 5 & 6 \end{vmatrix}$,则返回主程序后 a 数组中的值应为 $\begin{vmatrix} 0 & 9 & 8 \\ 0 & 0 & 8 \\ 0 & 0 & 0 \end{vmatrix}$,勿改动主函数 main() 和其他函数中的任何内容,仅在函数 fun() 的 "{}" 之间填入编写的若干语句。

```
#include<stdio.h>
#define N 5
void fun(int a[][N])
{

}
main()
{   int a[N][N],i,j;
    printf("****The array**** * \n");
    for(i=0;i<N;i++)
    {   for(j=0;j<N;j++)
        {   a[i][j]=rand()%10;   printf("%4d",a[i][j]);   }
        printf("\n");
    }
    fun(a);
    printf("The Result\n");
    for(i=0;i<N;i++)
    {   for(j=0;j<N;j++)   printf("%4d",a[i][j]);
        printf("\n");
    }
}
```

附录包括下面 3 部分内容：

附录 A　C 程序设计实验指导参考答案。

附录 B　C 程序基础练习题参考答案。

附录 C　C 语言综合模拟练习题参考答案。

附录 A　C 程序设计实验指导参考答案

实验 1　简单的 C 程序设计

题号	参 考 答 案	
实验 1-2	;	PI
实验 1-3	【1】char ch;	【2】"%c,%d\n",ch,ch

实验 1-4	main()
	{ float a,b,s;
	　scanf("%f%f",&a,&b);
	　s=a*b;
	　printf("a=%.2f,b=%.2f,s=%.2f\n",a,b,s);
	}	

实验 1-5	main()
	{ int a,b,t;
	　scanf("%d%d",&a,&b);
	　printf("Before exchanging: a=%d　b=%d\n",a,b);
	　t=a;　　a=b;　　b=t;
	　printf("After exchanging: a=%d　b=%d\n",a,b);
	}	

实验 2 数据运算和输入输出

题号	参 考 答 案	
实验 2-2	stdio.h	*
实验 2-3	【1】s=sqrt(p*(p-a)*(p-b)*(p-c));	【2】printf("The area is:%.2f\n",s);

实验 2-4	main()
	{ char ch1,ch2;
	　ch1=getchar();
	　ch2=ch1+32;
	　printf("%c,　%d,　%o,　%x\n",ch1,ch1,ch1,ch1);
	　printf("%c,　%d,　%o,　%x\n",ch2,ch2,ch2,ch2);
	}	

实验 2-5	main()
	{ float a,b,c,d,x,y;
	　scanf("%f%f",&a,&b);
	　scanf("%f%f",&c,&d);
	　x=a+c;
	　y=b+d;
	　printf("%.2f+%.2fi+%.2f+%.2fi=%.2f+%.2fi\n",a,b,c,d,x,y);
	　x=a*c-b*d;
	　y=b*c+a*d;
	　printf("(%.2f+%.2fi)*(%.2f+%.2fi)=%.2f+%.2fi\n",a,b,c,d,x,y);
	}	

实验 3 选择结构程序设计

题号	参 考 答 案	
实验 3-2	<	&&
实验 3-3	【1】switch (n)	【2】c1=x%10+'0';

实验 3-4	main()
	{ double a,b,c,d,d1,x1,x2;
	　scanf("%lf%lf%lf",&a,&b,&c);
	　printf("Solution of %.1fx*x+%.1fx+%.1f=0 is:\n",a,b,c);
	　if(a==0)
	　　　if(b) { x1=-c/b; printf("%.2f\n",x1); }
	　　　else
	　　　　if(c) printf("Not any.\n");
	　　　　else printf("indefinitive solution.\n");
	　else
	　{ d=b*b-4*a*c;
	　　d1=sqrt(fabs(d));
	　　if(d==0) { x1=x2=-b/(2*a);
	　　　　　　　printf("%.2f and %.2f\n",x1,x2); }
	　　else if(d>0) { x1=(-b+d1)/(2*a); x2=(-b-d1)/(2*a);
	　　　　　　　printf("%.2f and %.2f\n",x1,x2); }	

续表

题号	参 考 答 案
| 实验 3-4 | ```
        else {   x1=-b/(2*a); x2=d1/(2*a);
                 printf("(%.2f+%.2fi)and(%.2f-%.2fi)\n",x1,x2,x1,x2); }
    }
}
``` |
| 实验 3-5 | ```
main()
{   float a,b,c,p,s;
    scanf("%f%f%f",&a,&b,&c);
    if(a+b>c && a+c>b && b+c>a)
    {   printf("This is a ");
        if(a==b&&b==c)     printf("equilateral triangle,");
        else if((a==b||b==c||a==c) && (a*a+b*b==c*c||a*a+c*c==b*b||b*b+c*c==a*a))
                printf("isosceles and right triangle,");
        else if(a*a+b*b==c*c||a*a+c*c==b*b||b*b+c*c==a*a)
                printf("right triangle,");
        else if(a==b||b==c||a==c)
                printf("isosceles triangle,");
        else    printf("normal triangle,");
        p=(a+b+c)/2;
        s=sqrt(p*(p-a)*(p-b)*(p-c));
        printf("its area is %.2f\n",s);
    }
    else    printf("Can't form a triangle.\n");
}
``` |

实验 4　循环结构程序设计

题号	参 考 答 案	
实验 4-2	While(r) 或 while(r!=0)	r=m1%n1
实验 4-3	【1】f=2;	【2】n%f==0
| 实验 4-4 | ```
main()
{   int x, y, z;
    printf("cock hen chick\n");
    for(x=1;x<=18;x++)
        for(y=1;y<=31;y++)
            for(z=1;z<=98;z++)
            {   if((5*x+3*y+z/3)==100 && x+y+z==100 && z%3==0)
                    printf("%d\t%d\t%d\n",x,y,z);
            }
}
``` | |
```

续表

题号	参考答案
| 实验 4-5 | ```
main()
{   int m,i,j,k;
    for(i=0;i<=9;i++)
         for(j=0;j<=9;j++)
             for(k=1;k<=9;k++)
             {   m=k*100+j*10+i;
                 if(i*i*i+j*j*j+k*k*k==m)   printf("%d   ",m);
             }
}
``` |

实验 5　一维数组

题号	参考答案	
实验 5-2	max=min=aver=a[0];	aver=aver+a[i];
实验 5-3	【1】a[i+1]=a[i];	【2】a[i+1]=k;
| 实验 5-4 | ```
#defined N 20
main()
{   int a[N],i,j,k,n=N;
    srand((unsigned)time(NULL));
    printf("Original data:\n");
    for(i=0;i<N;i++)
        {   a[i]=rand()%21;      printf("%d   ",a[i]);   }
    printf("\nafter deleting:\n");
    for(i=0;i<n-1;i++)
    {   j=i+1;
        while(j<n)
        {   if(a[i]==a[j])   {n--;   for(k=j;k<n;k++)   a[k]=a[k+1];  }
            else     j++;
        }
    }
    for(i=0;i<n;i++)   printf("%d   ",a[i]);   printf("\n");
}
``` | |
| 实验 5-5 | ```
#define N 10
main()
{   int a[N],i,j,item;
    printf("enter 10 numbers:");
    for(i=0;i<N;i++)   scanf("%d",&a[i]);
    for(i=1;i<N;i++)
    {   item=a[i]; j=i-1;
        while(item<a[j]&&j>=0)   {   a[j+1]=a[j]; j--;   }
        a[j+1]=item;
    }
    printf("after sorted: ");
    for(i=0;i<N;i++)   printf("%d   ",a[i]);   printf("\n");
}
``` | |
```

实验 6 二维数组

题号	参考答案	
实验 6-2	&a[i][j]	k=0
实验 6-3	【1】ch==s[i];	【2】s[n]='\0';
实验 6-4	<pre>#define M 4
#define N 5
main()
{   int a[M][N],i,j,s=0;
printf("input matrix A:\n");
for(i=0;i<M;i++)
for(j=0;j<N;j++)   scanf("%d",&a[i][j]);
for(i=0;i<M;i++)
for(j=0;j<N;j++)
if(i==0||j==0||i==M-1||j==N-1)   s+=a[i][j];
printf("sum=%d\n",s);
}</pre>	
实验 6-5	<pre>#define M 5
#define N 20
main()
{   char ss[M][N]={"shanghai", "guangzhou","beijing","tianjing",
"chongqing"};
char st[20];
int i,k=0,max=0;
max=strlen(ss[0]);
for(i=1;i<M;i++)
if(max<strlen(ss[i]))
{   max=strlen(ss[i]); strcpy(st,ss[i]);   k=i;   }
printf("Maxmum string : %s, row : %d\n",st, k+1);
}</pre>	

实验 7 指针的应用

题号	参考答案	
实验 7-2	scanf("%d",(p+i));	p[j++]=p[i];
实验 7-3	【1】p[i]+j	【2】s[i]=p[i][0];
实验 7-4	<pre>#define M 4
#define N 5
main()
{   int a[M][N], *p[M]={a[0],a[1],a[2],a[3]},sum=0,i,j;
for(i=0;i<M;i++)
for(j=0;j<N;j++)   scanf("%d",&p[i][j]);
for(i=0;i<M;i++)
for(j=0;j<N;j++)
if(i==0||j==0||i==M-1||j==N-1)   sum+=p[i][j];
printf("sum=%d\n",sum);
}</pre>	

续表

题号	参考答案
| 实验 7-5 | ```
main()
{   char str1[80],str2[80],* s1=str1,* s2=str2;
    int m,n;
    printf("please input a string: ");
    gets(s1);
    printf("please input m and n: ");
    scanf("%d%d",&n,&m);
    if(n>strlen(s1))
    {   printf("n on the end of string.\n");    exit(0);    }
    s1+=n-1;
    while(m--&&* s1)    * s2++=* s1++;
    * s2='\0';
    puts(str2);
}
``` |

实验 8 函数的应用

题号	参考答案	
实验 8-2	max=fun(a,m,n,&r,&c);	* row=0; * column=0;
实验 8-3	【1】return n * fun(n-1)	【2】fun(m)/(fun(n) * fun(m-n))
| 实验 8-4 | ```
int fun(int n)
{   if(n==0)   return 0;
    else if(n==1)   return 1;
    else return fun(n-1)+n;
}
``` | |
| 实验 8-5 | ```
void fun(int a[], int b[], int n)
{   int i;
    for(i=0;i<6;i++) b[i]=0;
    for(i=0;i<n;i++)
    {   if(a[i]>=60 && a[i]<=69)    b[0]++;
        if(a[i]>=70 && a[i]<=79)    b[1]++;
        if(a[i]>=80 && a[i]<=89)    b[2]++;
        if(a[i]>=90 && a[i]<=99)    b[3]++;
        if(a[i]==100)    b[4]++;
        if(a[i]<60)    b[5]++;
    }
}
``` | |

实验 9 复合数据类型

题号	参考答案	
实验 9-2	scanf("%s%d",s[k].name,&s[k].age);	printf("%s %d\n",s[m].name,s[m].age);
实验 9-3	【1】s[i].score[j]	【2】sort(s,N)
```

续表

题号	参 考 答 案
| 实验 9-4 | ```
struct stu fun(struct stu *p,int n)
{   struct stu score;
    int k;
    float aver1=0,aver2=0,aver3=0;
    for(k=0;k<n;k++)    p[k].total=p[k].math+p[k].english;
    for(k=0;k<n;k++)
    {   aver1+=p[k].math;
        aver2+=p[k].english;
        aver3+=p[k].total;
    }
    aver1/=n;    aver2/=n;    aver3/=n;
    score.n=0;    score.math=aver1;
    score.english=aver2;    score.total=aver3;
    return score;
}
``` |
| 实验 9-5 | ```
struct node * creatlist()
{   struct node *h, *p, *q;
    int a;
    h=(struct node *)malloc(sizeof(struct node));
    p=q=h;
    printf("Input data:");
    scanf("%d",&a);
    while(a!=0)
    {   p=(struct node *)malloc(sizeof(struct node));
        p->data=a;    q->next=p;    q=p;
        scanf("%d",&a);
    }
    p->next=NULL;
    return h;
}
``` |

实验 10　文件操作

题号	参 考 答 案	
实验 10-2	w+	putc(c1,fp2);
实验 10-3	【1】fputs(st[i],fp)	【2】fgets(s[i],11,fp)
| 实验 10-4 | ```
main()
{   FILE *fp;
    char st[81];
    int i;
    if((fp=fopen("text.txt","w+"))==NULL)
    {   printf("Cannot open the file!\n"); exit(0);    }
    for(i=0;i<10;i++)
    {   gets(st);
        fputs(st,fp);
        fputs("\n",fp);
    }
``` | |
```

续表

题号	参考答案

实验10-4	rewind(fp);
	printf("results:\n");
	for(i=0;i<10;i++) { fgets(st,81,fp); printf("%s",st); }
	fclose(fp);
	}

实验10-5	main()
	{ FILE *f1,*f2;
	  int a[100],b[100]={0};
	  int i,min,max;
	  for(i=0;i<100;i++) a[i]=rand()%100;
	  if((f1=fopen("e:\\in.txt","w"))==NULL)
	  { printf("cannot open file\n"); exit(1); }
	  for(i=0;i<100;i++) fprintf(f1,"%d ",a[i]);
	  fclose(f1);
	  f1=fopen("e:\\in.txt","r");
	  min=max=b[0];
	  for(i=0;i<100;i++)
	  { fscanf(f1,"%d ",&b[i]);
	    if(b[i]>max) max=b[i];
	    if(b[i]<min) min=b[i];
	  }
	  fclose(f1);
	  printf("max=%d, min=%d\n",max,min);
	  f2=fopen("e:\\out.txt","w");
	  fprintf(f2,"%d ",max);
	  fprintf(f2,"%d ",min);
	  fclose(f2);
	}

实验11 综合实验

题号	参考答案	
实验11-1	void fun(int *a,int *b)	t=*b;*b=*a;*a=t;
实验11-2	while(i<=3 && *p)	b[k++]=' ';
实验11-3	【1】count=1	【2】t++
实验11-4	【1】FILE *	【2】fp

实验11-5	void fun(char *a,char *p)
	{ char *s=a;
	  while(*p=='*') p--;
	  p++;
	  while(a<p) { if(*a!='*') *s++=*a; a++; }
	  while(*p) *s++=*p++;
	  *s='\0';
	}	

附录 B C 程序设计基础练习参考答案

练习 1 简单的 C 程序设计

单选题	1	2	3	4	5	6	7	8	9	10	11	12	13	14	15
	C	C	D	B	D	A	D	D	A	D	D	D	D	B	C

	题号	答案	题号	答案
填空题	【1】	.obj	【11】	变量定义和说明
	【2】	字母	【12】	关键字
	【3】	连接和运行	【13】	函数
	【4】	函数	【14】	语句
	【5】	小写	【15】	s=2.5;
	【6】	标识符	【16】	32
	【7】	char ch	【17】	复合语句
	【8】	&a	【18】	形参
	【9】	c1-32	【19】	空语句
	【10】	赋值运算符	【20】	"标题文件"

练习 2 基本数据类型

单选题	1	2	3	4	5	6	7	8	9	10	11	12	13	14	15
	C	D	C	C	A	C	A	C	A	A	A	A	D	A	C
	16	17	18	19	20	21	22	23	24	25	26	27	28	29	30
	A	D	A	C	A	D	D	D	B	B	D	D	B	B	B

	题号	答案	题号	答案
填空题	【1】	基本类型	【11】	2008
	【2】	void	【12】	15
	【3】	函数	【13】	a=%d\nb=%d
	【4】	存储单元	【14】	12 34
	【5】	1	【15】	0
	【6】	float a=1.0;	【16】	65,66,B,A
	【7】	123 0 0	【17】	1
	【8】	a=5.0,4,2	【18】	printf("x=%ld\n",x);
	【9】	10,20AB	【19】	* 3.140000,3.142 *
	【10】	scanf("i=%d,j=%d",&i,&j);	【20】	65,101,41,A

练习3 数据运算

单选题	1	2	3	4	5	6	7	8	9	10	11	12	13	14	15
	C	C	B	B	D	D	A	D	D	C	B	B	B	B	B
	16	17	18	19	20	21	22	23	24	25	26	27	28	29	30
	B	B	B	B	A	A	A	A	A	A	B	A	A	A	D
	31	32	33	34	35	36	37	38	39	40	41	42	43	44	45
	C	D	B	D	B	B	B	B	D	C	D	D	C	B	B

	题号	答案	题号	答案
	【1】	非 0	【11】	1
	【2】	8	【12】	7,7.25
	【3】	4	【13】	(x%3==0)&&(x%7==0)
	【4】	0	【14】	1
填空题	【5】	0	【15】	1,0
	【6】	7	【16】	1 B
	【7】	0<x&&x<9	【17】	67 G
	【8】	−12	【18】	25 21 37
	【9】	25,13,12	【19】	12
	【10】	14	【20】	100 300 0

练习4 程序流程控制

单选题	1	2	3	4	5	6	7	8	9	10	11	12	13	14	15
	B	C	B	B	B	A	B	B	D	B	A	B	A	C	A
	16	17	18	19	20	21	22	23	24	25	26	27	28	29	30
	C	B	D	C	A	A	C	B	B	C	C	A	A	C	D
	31	32	33	34	35	36	37	38	39	40	41	42	43	44	45
	D	B	B	A	C	A	B	D	B	B	C	D	C	B	D

	题号	答案	题号	答案
	【1】	5 6	【11】	5 4
	【2】	m=1	【12】	Test are checked!
	【3】	s=6,i=4	【13】	1
	【4】	1 3 5 7 9	【14】	4
填空题	【5】	sum=25	【15】	x%10
	【6】	10 10 9 1	【16】	5
	【7】	n/10%10	【17】	不能
	【8】	t*i	【18】	s=0
	【9】	Pass! Fail!	【19】	1
	【10】	4	【20】	ACE

练习5 数组和字符串

	1	2	3	4	5	6	7	8	9	10	11	12	13	14	15
	C	D	A	B	B	A	D	A	C	D	B	C	A	B	D
单选题	16	17	18	19	20	21	22	23	24	25	26	27	28	29	30
	B	B	D	A	C	C	D	B	B	A	C	D	A	B	B
	31	32	33	34	35	36	37	38	39	40	41	42	43	44	45
	C	D	A	C	D	A	C	A	A	B	C	D	C	A	A

	题号	答案	题号	答案
	【1】	s=29	【11】	101418
	【2】	6	【12】	'\0'
	【3】	f	【13】	How are you? How
	【4】	2 3 4 5 6 7	【14】	N
填空题	【5】	i=4;i>2;i--	【15】	3
	【6】	12	【16】	How
	【7】	-150,2,0	【17】	s[i]>='0'&&s[i]<='9'
	【8】	1,4,13	【18】	a[i]>a[j]
	【9】	3	【19】	26
	【10】	123569	【20】	abcbcc

练习6 指针

	1	2	3	4	5	6	7	8	9	10	11	12	13	14	15
	C	C	D	B	A	D	B	A	D	B	C	A	D	D	C
单选题	16	17	18	19	20	21	22	23	24	25	26	27	28	29	30
	C	B	D	D	C	B	D	D	A	D	D	C	B	C	B
	31	32	33	34	35	36	37	38	39	40	41	42	43	44	45
	B	C	D	A	B	D	B	B	C	B	A	B	C	A	C

	题号	答案	题号	答案
	【1】	9	【7】	ga
	【2】	3	【8】	1
填空题	【3】	*++p	【9】	9911
	【4】	*p>*s	【10】	135
	【5】	GFEDCB	【11】	3,3,3
	【6】	6,10	【12】	6,5

续表

	题号	答案	题号	答案
填空题	[13]	13	[17]	80
	[14]	30,30	[18]	12
	[15]	27	[19]	8
	[16]	6	[20]	1357

练习7 函数

	1	2	3	4	5	6	7	8	9	10	11	12	13	14	15
单选题	B	C	A	B	C	D	B	A	D	A	C	B	D	B	A
	16	17	18	19	20	21	22	23	24	25	26	27	28	29	30
	A	C	B	D	C	C	A	A	B	D	C	D	C	C	B

	题号	答案	题号	答案
填空题	[1]	110+10=110	[11]	8
	[2]	6	[12]	getchar()!='@'
	[3]	8 17	[13]	3
	[4]	15	[14]	21
	[5]	5,6	[15]	3
	[6]	15,7	[16]	EABCD
	[7]	4 6 10 12 17	[17]	22221
	[8]	4	[18]	1 2 5
	[9]	7 4	[19]	C D E F
	[10]	5	[20]	10.0

练习8 复合数据类型

	1	2	3	4	5	6	7	8	9	10	11	12	13	14	15
单选题	D	B	D	C	B	B	D	B	C	B	C	C	B	B	D
	16	17	18	19	20	21	22	23	24	25	26	27	28	29	30
	C	B	B	B	A	C	A	A	B	C	B	A	D	D	A

	题号	答案	题号	答案
填空题	[1]	16	[4]	lijun,80.0
	[2]	8	[5]	20010002,70.0
	[3]	24	[6]	20001001,w

续表

	题号	答 案	题号	答 案
填空题	【7】	8	【14】	Penghua,20045,537
	【8】	110,100,axcd	【15】	20041,700.0
	【9】	10,100,abcd	【16】	SunDan,20044
	【10】	90.5	【17】	2002 Shanxian
	【11】	25	【18】	51 60 31
	【12】	1002,lijun,980.5	【19】	return h
	【13】	p=p->next	【20】	1

练习9 文件

	1	2	3	4	5	6	7	8	9	10	11	12	13	14	15
单选题	C	C	B	C	C	B	A	C	C	D	A	A	B	C	A
	16	17	18	19	20	21	22	23	24	25	26	27	28	29	30
	C	C	C	D	D	A	D	A	B	B	D	C	B	C	B

	题号	答 案	题号	答 案
填空题	【1】	非0值	【11】	Chinang
	【2】	0	【12】	Fortran
	【3】	fseek(fp,0,SEEK_SET)	【13】	FILE * fp
	【4】	"w"	【14】	3L * sizeof(num)
	【5】	m=fgetc(fp)	【15】	c= fgetc(f)
	【6】	c=getchar())!='@'	【16】	filecopy(f1,f2)
	【7】	fread(b,sizeof(float),10,fp)	【17】	fputs(a[i],f)
	【8】	&a[i]	【18】	fgets(a[i],10,f)
	【9】	fprintf(fp,"%10s",p[i])	【19】	4
	【10】	CBBAAA	【20】	D

练习10 编译预处理

	1	2	3	4	5	6	7	8	9	10	11	12	13	14	15
单选题	B	A	D	B	B	A	C	B	D	C	B	B	C	A	A
	16	17	18	19	20	21	22	23	24	25	26	27	28	29	30
	A	B	D	A	B	B	B	D	C	B	B	C	C	D	B

续表

	题号	答案	题号	答案
填空题	【1】	38	【6】	27
	【2】	8.5	【7】	22.5
	【3】	−7	【8】	9
	【4】	−400	【9】	100
	【5】	6	【10】	18

附录C C程序设计综合模拟练习参考答案

模拟练习1

	题号	1	2	3	4	5	6	7	8	9	10	11	12	13	14	15
单选题	答案	B	B	A	B	B	B	B	A	C	B	C	D	B	A	A
	题号	16	17	18	19	20	21	22	23	24	25	26	27	28	29	30
	答案	A	C	D	D	B	A	A	A	B	C	B	C	B	B	D
	题号	31	32	33	34	35										
	答案	C	B	C	C	A										

	题号	【1】	【2】	【3】
程序填空题	答案	*(pstr+j)	pstr[j]	p

程序修改题	if(i%k==0)	if(k==i);

程序设计题	`double fun(int n)`
	`{   double a=0.0;`
	`    int i;`
	`    double sum=0.0;`
	`    for(i=1;i<=n;i++)`
	`    {   a +=i;`
	`        sum +=1/a;`
	`    }`
	`    return sum;`
	`}`

模拟练习 2

	题号	1	2	3	4	5	6	7	8	9	10	11	12	13	14	15
单选题	答案	A	B	A	D	D	C	C	D	B	C	B	C	B	D	A
	题号	16	17	18	19	20	21	22	23	24	25	26	27	28	29	30
	答案	D	D	B	C	C	B	B	D	D	A	B	C	B	A	C
	题号	31	32	33	34	35										
	答案	A	B	B	B	C										

程序填空题	题号	【1】	【2】	【3】
	答案	"r"	!feof(fs)	fgetc(fs)

程序修改题	int fun(int * x,int * y)	t= * x; * x= * y; * y=t;

程序设计题	float fun(float n) { n=(int)(n * 100+0.5)/100.0; return n; }

模拟练习 3

	题号	1	2	3	4	5	6	7	8	9	10	11	12	13	14	15
单选题	答案	C	D	D	C	C	D	D	D	A	B	A	A	D	B	A
	题号	16	17	18	19	20	21	22	23	24	25	26	27	28	29	30
	答案	D	D	C	A	A	A	C	D	A	C	A	B	D	A	D
	题号	31	32	33	34	35										
	答案	D	D	C	B	C										

程序填空题	题号	【1】	【2】	【3】
	答案	s[i]==u[k]	s[i]	u[ul]

程序修改题	s[j++]=s[i];	s[j]='\0';

程序设计题	void fun(int a[], int b[], int c[], int n)
	 { int i,j;
	    for(i=0,j=n-1;i<n;i++,j--)
	        c[i]=a[i]-b[j];
	 }

模拟练习 4

	题号	1	2	3	4	5	6	7	8	9	10	11	12	13	14	15
单选题	答案	D	B	A	C	C	C	C	A	A	B	A	B	D	D	A
	题号	16	17	18	19	20	21	22	23	24	25	26	27	28	29	30
	答案	C	C	C	B	C	B	B	D	B	C	D	C	D	D	D
	题号	31	32	33	34	35										
	答案	D	A	B	A	A										

程序填空题	题号	【1】	【2】	【3】
	题号	s[i].score;	if(s[i].score<60)	ave=sum/5

程序修改题	double fun(double * a, double * b)	c=sqrt(* a)+sqrt(* b);

程序设计题	void fun(int a[], int b[], int n)
	{　int i;
	　　for(i=0;i<6;i++) b[i]=0;
	　　for(i=0;i<n;i++)
	　　　{　if(a[i]>=60 && a[i]<=69)　　b[0]++;
	　　　　if(a[i]>=70 && a[i]<=79)　　b[1]++;
	　　　　if(a[i]>=80 && a[i]<=89)　　b[2]++;
	　　　　if(a[i]>=90 && a[i]<=99)　　b[3]++;
	　　　　if(a[i]>=100)　　　　　　　b[4]++;
	　　　　 if(a[i]<60)　　　　　　　　b[5]++;
	　　　}
	}

模拟练习 5

	题号	1	2	3	4	5	6	7	8	9	10	11	12	13	14	15
单选题	答案	C	A	A	B	D	A	C	C	A	B	A	B	D	B	C
	题号	16	17	18	19	20	21	22	23	24	25	26	27	28	29	30
	答案	A	A	D	B	B	C	C	C	B	A	C	C	A	C	D
	题号	31	32	33	34	35										
	答案	C	D	C	B	A										

程序填空题	题号	【1】	【2】	【3】
	答案	10	0	x

程序修改题	if(n==0)	result * =n--;

程序设计题	void fun(int a[ ], int n, int * max, int * d)
	{　int i; * max=a[0]; * d=0;
	　　for(i=1;i<n;i++)
	　　　if(* max<a[i])　　{　 * max=a[i];　 * d=i;　}
	}

模拟练习 6

	题号	1	2	3	4	5	6	7	8	9	10	11	12	13	14	15
单选题	答案	C	A	B	A	A	A	C	D	B	A	A	A	B	B	D
	题号	16	17	18	19	20	21	22	23	24	25	26	27	28	29	30
	答案	B	C	A	B	A	A	A	C	A	C	D	B	D	A	C
	题号	31	32	33	34	35										
	答案	A	D	A	D	C										

程序填空题	题号	【1】	【2】	【3】
	答案	NODE	h->next	p->next

程序修改题	if(t==0)	*zero=count;

程序设计题	`void fun(char a[M][N],char *b)`
	`{   unsigned int i,j,k=0;`
	`    for(i=0;i<M;i++)`
	`        for(j=0;j<strlen(a[i]);j++)   b[k++]=a[i][j];`
	`    b[k]=0;`
	`}`

模拟练习 7

	题号	1	2	3	4	5	6	7	8	9	10	11	12	13	14	15
单选题	答案	B	B	B	C	D	C	B	A	B	C	B	D	C	B	C
	题号	16	17	18	19	20	21	22	23	24	25	26	27	28	29	30
	答案	B	A	B	B	B	B	C	C	A	C	A	D	B	A	D
	题号	31	32	33	34	35										
	答案	A	C	B	B	A										

程序填空题	题号	【1】	【2】	【3】
	答案	(n==0||n==1)	m=ref(n-1)*n	&n

程序修改题	while(fabs(t)>=num)	t=s/n;

程序设计题	`int fun(int a[M][N])`
	`{   int i,j,s=0;`
	`    for(i=0;i<M;i++)`
	`        for(j=0;j<N;j++)`
	`            if(i==0||j==0||i==M-1||j==N-1) s+=a[i][j];`
	`    return s;`
	`}`

模拟练习 8

<table>
<tr><td rowspan="6">单选题</td><td>题号</td><td>1</td><td>2</td><td>3</td><td>4</td><td>5</td><td>6</td><td>7</td><td>8</td><td>9</td><td>10</td><td>11</td><td>12</td><td>13</td><td>14</td><td>15</td></tr>
<tr><td>答案</td><td>D</td><td>D</td><td>D</td><td>D</td><td>C</td><td>C</td><td>A</td><td>C</td><td>A</td><td>C</td><td>A</td><td>D</td><td>C</td><td>B</td><td>B</td></tr>
<tr><td>题号</td><td>16</td><td>17</td><td>18</td><td>19</td><td>20</td><td>21</td><td>22</td><td>23</td><td>24</td><td>25</td><td>26</td><td>27</td><td>28</td><td>29</td><td>30</td></tr>
<tr><td>答案</td><td>B</td><td>B</td><td>D</td><td>C</td><td>B</td><td>B</td><td>C</td><td>B</td><td>D</td><td>D</td><td>A</td><td>A</td><td>C</td><td>A</td><td>B</td></tr>
<tr><td>题号</td><td>31</td><td>32</td><td>33</td><td>34</td><td>35</td><td></td><td></td><td></td><td></td><td></td><td></td><td></td><td></td><td></td><td></td></tr>
<tr><td>答案</td><td>A</td><td>B</td><td>B</td><td>D</td><td>D</td><td></td><td></td><td></td><td></td><td></td><td></td><td></td><td></td><td></td><td></td></tr>
</table>

程序填空题	题号	【1】	【2】	【3】
	答案	a	a	b

程序修改题	t=a; a=b; b=t;	return(b);

| 程序设计题 | ```#define N 5
int fun(int a[][N])
{   int i,j,t;
     for(i=0;i<N;i++)
         for(j=0;j<=i;j++)   a[i][j]=0;
}``` |
|---|---|